AI赋能

Revit 建筑
创新设计

（Revit 2024）（视频教学版）

高珍宇　桂嵩其 编著

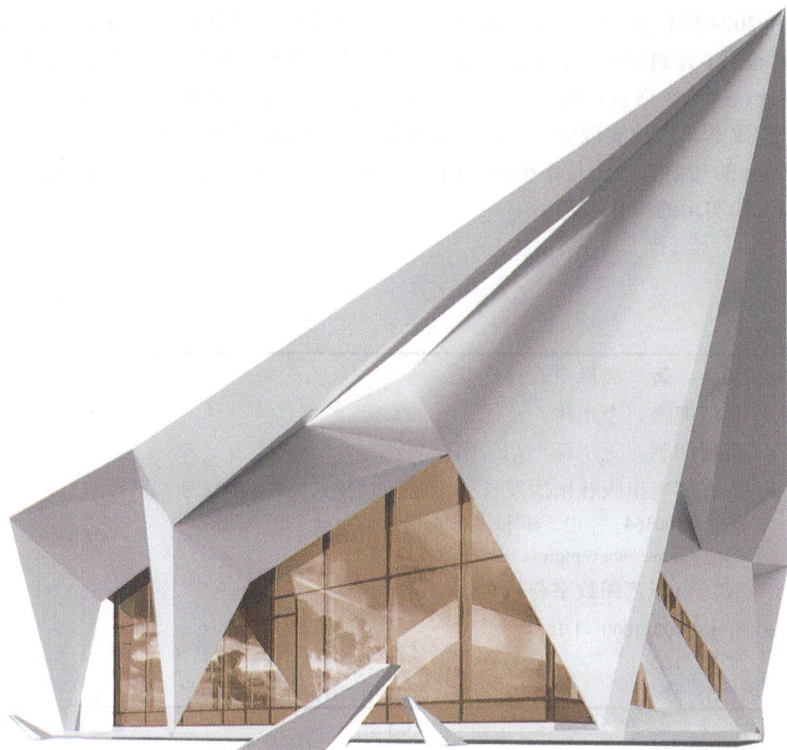

人民邮电出版社

北京

图书在版编目（CIP）数据

AI 赋能 Revit 建筑创新设计：Revit 2024：视频教学版 / 高珍宇，桂嵩其编著. -- 北京：人民邮电出版社，2025. -- （AI 驱动创意制造与设计）. -- ISBN 978-7-115-66159-3

Ⅰ. TU201.4

中国国家版本馆 CIP 数据核字第 20259Q94A6 号

内 容 提 要

在信息技术迅猛发展的当下，建筑设计与建模行业面临着前所未有的变革。Autodesk 公司开发的 Revit 软件已经成为设计人员和建筑专家不可或缺的工具。与此同时，人工智能（Artificial Intelligence，AI）技术的兴起为设计领域带来了无限的可能性。

本书对 Revit 2024 的核心功能与最新特性进行了深入剖析，包括建筑项目准备，墙、梁、柱、板等构件设计，建筑结构设计，建筑施工图设计等。此外，本书还详细阐述了 AI 技术在建筑规划设计、建筑风格设计及室内设计中的应用。通过融合 AI 技术，读者可以提高设计与建模的工作效率，推动实现更具创新性及可持续性的建筑解决方案。

无论你是 Revit 的初学者，还是希望将 AI 技术融入设计的资深人士，本书都将为你提供宝贵的理论知识和实用的操作技巧。

◆ 编　　著　高珍宇　桂嵩其
　　责任编辑　李永涛
　　责任印制　王　郁　胡　南
◆ 人民邮电出版社出版发行　　北京市丰台区成寿寺路 11 号
　　邮编　100164　　电子邮件　315@ptpress.com.cn
　　网址　https://www.ptpress.com.cn
　　廊坊市印艺阁数字科技有限公司印刷
◆ 开本：700×1000　1/16
　　印张：12.5　　　　　　　　　2025 年 7 月第 1 版
　　字数：249 千字　　　　　　　2025 年 7 月河北第 1 次印刷
定价：79.90 元

读者服务热线：(010)81055410　印装质量热线：(010)81055316
反盗版热线：(010)81055315

前言

Autodesk 公司推出的 Revit 软件是一款先进的三维参数化建筑设计工具，旨在创建建筑信息模型（Building Information Model，BIM）。在传统的建筑设计流程中，平面图、立面图和剖面图是相互独立的。Revit 对传统的二维设计流程进行了革新，将建筑设计师熟悉的构件（如墙体、门窗、楼板、楼梯和屋顶）作为设计命令的核心，能够迅速构建全面的三维虚拟建筑信息模型。此方法能够在建模过程中自动产生所有必需的视图和详细表，显著减少了建筑设计师绘制和处理图样的时间，使他们能够将更多精力投入设计本身。因此，在当今的建筑设计和建模领域，Revit 已成为建筑设计师不可或缺的工具。与此同时，AI 技术的发展为建筑设计师开阔了视野，为建筑设计带来了更多的发展空间。

本书从 Revit 的基本知识入手，逐步深入介绍高级功能和设计技巧，包括但不限于墙体、楼层、楼梯以及复杂的三维建模技术。同时，本书重点介绍 AI 在 BIM 设计中的应用，如自动生成设计方案、优化设计流程、提高设计效率等。

本书共 6 章，各章的主要内容介绍如下。

- 第 1 章：本章首先概述 AI 辅助建筑设计的基本应用、设计内容和设计工具，随后介绍 Revit 2024 界面、项目视图以及标高与轴网设计，引导读者了解如何将 Revit 与 AI 技术结合应用。
- 第 2 章：本章带领读者深入了解 Revit 在建筑设计中的应用，包括建筑墙体设计、建筑楼地层设计、建筑楼梯与坡道的创建和编辑等核心内容。
- 第 3 章：本章首先概述建筑结构设计，随后具体介绍结构基础、结构楼板、结构柱与结构梁，以及结构楼梯和顶层结构的设计。
- 第 4 章：本章讲解建筑总平面图、建筑平面图、建筑立面图、建筑剖面图、建筑详图的设计全过程，并介绍图纸导出与打印。
- 第 5 章：本章深入探讨 AI 在建筑规划设计、建筑风格设计以及室内设计方面的具体应用。
- 第 6 章：本章介绍如何利用 AI 工具辅助建筑设计，包括基于 AI 云平台的建筑设计、实时生成建筑效果图以及基于 AI 的室内设计等。

本书提供丰富的案例研究和实践练习，以便帮助读者更好地理解和应用书中介绍的概念和技术。

本书紧扣建筑工程专业知识，不仅带领读者熟悉 Revit 2024，还可以让读者了解建筑设计的过程，特别适合作为高等院校建筑类相关课程的教材。

本书由南昌工学院环境设计专业的高珍宇老师和桂嵩其老师共同编著。

感谢你选择了本书，希望我们的努力对你的工作和学习有所帮助，也希望你能提出宝贵的意见和建议。作者邮箱：shejizhimen@163.com。

编著者

2024 年 10 月

资源与支持

资源获取

本书提供如下资源。

- 本书思维导图。
- 异步社区 7 天 VIP 会员。
- 本书实例的素材文件、结果文件及实例操作的视频教学文件。

要获得以上资源，您可以扫描右方二维码，根据指引领取。

提交勘误

　　作者和编辑尽最大努力来确保书中内容的准确性，但难免存在疏漏。欢迎您将发现的问题反馈给我们，帮助我们提升图书的质量。

　　当您发现错误时，请登录异步社区（https://www.epubit.com），按书名搜索，进入本书页面，单击"发表勘误"，输入勘误信息，单击"提交勘误"按钮即可（见下图）。本书的作者和编辑会对您提交的勘误进行审核，确认并接受后，您将获赠异步社区的 100 积分。积分可用于在异步社区兑换优惠券、样书或奖品。

图书勘误		发表勘误
页码： 1	页内位置（行数）： 1	勘误印次： 1

图书类型： ● 纸书　　电子书

添加勘误图片（最多可上传4张图片）

\+

提交勘误

与我们联系

我们的联系邮箱是 liyongtao@ptpress.com.cn。

如果您对本书有任何疑问或建议，请您发邮件给我们，并请在邮件标题中注明本书书名，以便我们更高效地做出反馈。

如果您有兴趣出版图书、录制教学视频，或者参与图书翻译、技术审校等工作，可以发邮件给我们。

如果您所在的学校、培训机构或企业想批量购买本书或异步社区出版的其他图书，也可以发邮件给我们。

如果您在网上发现有针对异步社区出品图书的各种形式的盗版行为，包括对图书全部或部分内容的非授权传播，请您将怀疑有侵权行为的链接发邮件给我们。您的这一举动是对作者权益的保护，也是我们持续为您提供有价值的内容的动力之源。

关于异步社区和异步图书

"异步社区"（www.epubit.com）是由人民邮电出版社创办的 IT 专业图书社区，于 2015 年 8 月上线运营，致力于优质内容的出版和分享，为读者提供高品质的学习内容，为作译者提供专业的出版服务，实现作译者与读者在线交流互动，以及传统出版与数字出版的融合发展。

"异步图书"是异步社区策划出版的精品 IT 图书的品牌，依托于人民邮电出版社在计算机图书领域 40 多年的发展与积淀。异步图书面向 IT 行业以及各行业使用 IT 的用户。

目录

第3章 Revit 建筑结构设计 059

第4章 Revit 建筑施工图设计 087

第5章 AI 辅助建筑方案设计 128

第 6 章　AI 辅助建筑设计

第 1 章 Revit 与 AI 辅助设计入门

Revit 作为一款专业的 BIM 软件，在建筑设计、结构工程、机电管道和建筑施工等领域有着广泛的应用。而 AI 辅助设计有助于自动化设计流程、提升建筑性能、提高设计能效，还能推动设计创新与个性化发展。如今，AI 技术已经与 Revit 软件集成在一起，它利用智能算法优化设计方案，并实现更高级的建模、分析以及文档自动生成功能，提高了设计工作的效率。另外，随着 AI 插件和扩展功能的引入，Revit 的功能得以增强，能帮助设计师做出更为精确、高效的设计决策。

1.1　AI 辅助建筑设计概述

AI 是一个包含诸多应用和技术的领域，如图像识别、语音识别、机器学习、自动驾驶等。它的发展融合了计算机科学、统计学、数学等多学科的知识。ChatGPT 是 AI 技术在对话系统应用方面的一个实例，它运用特定的 AI 模型进行自然语言处理并生成对话。本节从 AI 在建筑设计中的应用、AI 辅助 Revit 建筑设计的内容、AI 辅助设计工具 3 方面介绍 AI 辅助建筑设计。

1.1.1　AI 在建筑设计中的应用

目前，AI 在建筑设计中的应用逐渐增多，它能以各种方式提高建筑设计的效率、准确性和创新性。以下是 AI 在建筑设计中的主要应用。

一、基本设计

- 设计辅助：AI 可以通过算法自动生成设计草稿，为设计师提供启发性的设计思路。
- 参数优化：AI 可以针对特定的设计目标（如能效或材料使用）优化设计内容。
- 风格匹配：AI 可以分析并模仿特定的设计风格或某一历史时期的建筑特点。

二、分析、模拟与评估

- 建筑能耗模拟分析：AI 通过数据建模，模拟建筑设计在能源使用中的动态表现，并预测其全生命周期能耗。

- 结构力学性能模拟：AI 基于材料力学与荷载特征，模拟建筑结构在极端天气、地震等复杂环境下的内力分布与形变规律。
- 环境与生态效应评估：AI 综合评估建筑设计在施工及运营阶段对局地气候、噪声污染等环境指标的影响，以及对生物栖息地的长期生态干扰。

三、施工与管理

- 成本预估：AI 可以通过分析大量数据，更准确地预估项目成本。
- 施工自动化：AI 可以与机器人和无人机结合，自动化完成部分施工任务。
- 进度管理：AI 可以预测潜在的延误并提出解决方案。

四、后期运营与维护

- 设施管理：AI 可以实时监控建筑的各种系统，并提供维护建议。
- 用户体验优化：通过分析用户行为和反馈，AI 可以优化建筑空间的使用。

在建筑设计中应用 AI，不仅能够有效地节约时间与成本，还能够显著提升建筑的质量。随着技术的不断进步，AI 在建筑设计中的应用范围将会更加广泛且深入。

1.1.2　AI 辅助 Revit 建筑设计的内容

作为一款功能强大的 BIM 软件，Revit 能够协助设计师开展高效的建筑设计与文档编制工作。以下列举了一些 AI 辅助 Revit 进行建筑设计的相关内容。

一、设计优化

AI 可以在早期设计阶段探索和评估多种设计方案，并通过算法优化找出最佳的设计解决方案，包括对空间布局、结构和能源效率的优化等。

二、预测分析

利用机器学习和数据分析，AI 可以预测和分析建筑设计中可能存在的问题，例如结构问题或成本超支，从而在早期阶段就避免出现这些问题。

三、自动化设计

AI 和机器学习可以在设计过程中自动化完成许多烦琐的任务，例如生成构件、自动化建模和草图绘制，从而使设计师能够更加专注于核心设计工作。

四、模拟和可视化

AI 可以更准确地模拟和可视化建筑设计的各个方面，包括光照、通风和能源效率等，以得到更好的设计决策。

五、实时反馈和协作

AI 可以提供实时的设计反馈和建议，同时也可以促进团队内部的协作。通过共享的设计平台，设计团队内部可以更容易地共享信息和协调设计决策。

六、施工计划和成本估算

AI 能够通过分析设计模型和历史数据来制订施工计划和进行更精准的成本估算，从而保障项目的实施和有效地控制成本。

七、故障检测和维护

AI 可以通过分析 BIM 和实时数据来识别和预测设施的维护需求，从而提高运营效率和设施的可持续性使用。

八、自动代码校验

AI 可以自动检查设计是否符合相关的建筑规范和标准，从而节省时间并确保设计的合规性。

1.1.3 AI 辅助设计工具

目前，能够与 Revit 协同工作的 AI 辅助设计工具主要包括以下两类。

一、AI 大语言模型

当用户在设计过程中需要了解相关设计信息或知识时，可以通过与 AI 对话，快速掌握信息或知识。此类工具中具代表性的有 ChatGPT、通义、文心一言、Bard（更名为 Gemini）、Copilot 等，这类 AI 工具也被称为 AI 大语言模型。

除了语言文字交流功能外，部分 AI 大语言模型还具备图像生成功能、视频生成功能、数据分析功能及 PPT 制作功能等。

二、AI 图像生成大模型

AI 图像生成大模型能够利用 AI 技术，根据文本或其他输入，自动生成逼真的图像。这类大模型通常基于深度神经网络（如 Transformer 模型、扩散模型）进行大规模的预训练和微调，以提高图像生成的质量和多样性。

AI 图像生成大模型的应用领域非常广泛，包括游戏制作、动画制作、美术设计、学科教育等。它们也可以与其他模态（如文本、音频、视频、3D 模型等）的生成大模型结合，实现更丰富的创作效果。目前，知名的 AI 图像生成大模型主要有以下几个。

- Midjourney：Midjourney 是一款由 Leap Motion 开发的 AI 图像生成大模型，它可以根据用户输入的文字描述，自动生成逼真的图像。
- DALL-E 3：由 OpenAI 公司开发，能够根据文本描述生成相应的图像。
- Imagen：由谷歌开发，基于 Transformer 模型，能够利用预训练语言模型中的知识从文本生成图像。
- Stable Diffusion：由慕尼黑大学的 CompVis 小组开发，基于潜在扩散模型，能够通过在潜在表示空间中迭代去噪来生成图像。
- 通义万相：由阿里云开发的 AI 图像生成大模型，它可以根据用户输入的文字内容生成符合语义描述的不同风格的图像，或者根据用户输入的图像生成其他用途的图像。

1.2　Revit 2024 的界面

Revit 2024 的界面采用了简洁的设计风格，包括主页界面和工作界面。

1.2.1　Revit 2024 的主页界面

Revit 2024 的主页界面保留了以往的【模型】和【族】的功能。启动 Revit 2024 会打开图 1-1 所示的主页界面。

图 1-1

主页界面的左侧区域包括【模型】和【族】两个选项组，各有不同的功能。下面让我们来了解一下这两个选项组的基本功能。

一、【模型】选项组

模型是指建筑工程项目的模型。用户想要创建完整的建筑工程项目，就要创建新的项目文件或者打开已有的项目文件进行编辑。

在【模型】选项组中，包括【打开】和【新建】两个选项。用户可以通过打开已有项目文件或新建项目文件进入工作界面，还可以选择 Revit 提供的样板文件进入工作界面。

二、【族】选项组

族是一个包含通用属性（称为参数）集和相关图形表示的图元组，常见的族有家具、电器产品、预制板、预制梁等。

在【族】选项组中，包括【打开】和【新建】两个选项。选择【新建】选项，可打开【新族 - 选择样板文件】对话框。在此对话框中选择合适的族样板文件，就可进入族设计环境进行族的设计。

主页界面的右侧区域包括【模型】列表和【族】列表，用户可以从中选择 Revit 提供的样例项目或样例族，进入工作界面进行模型设计等操作。

1.2.2　Revit 2024 的工作界面

Revit 2024 的工作界面沿用了以往的风格。在主页界面右侧区域的【模型】列表中选择一个样例项目或在【模型】选项组中选择【新建】选项新建项目，就可以进入 Revit 2024 的工作界面，如图 1-2 所示。

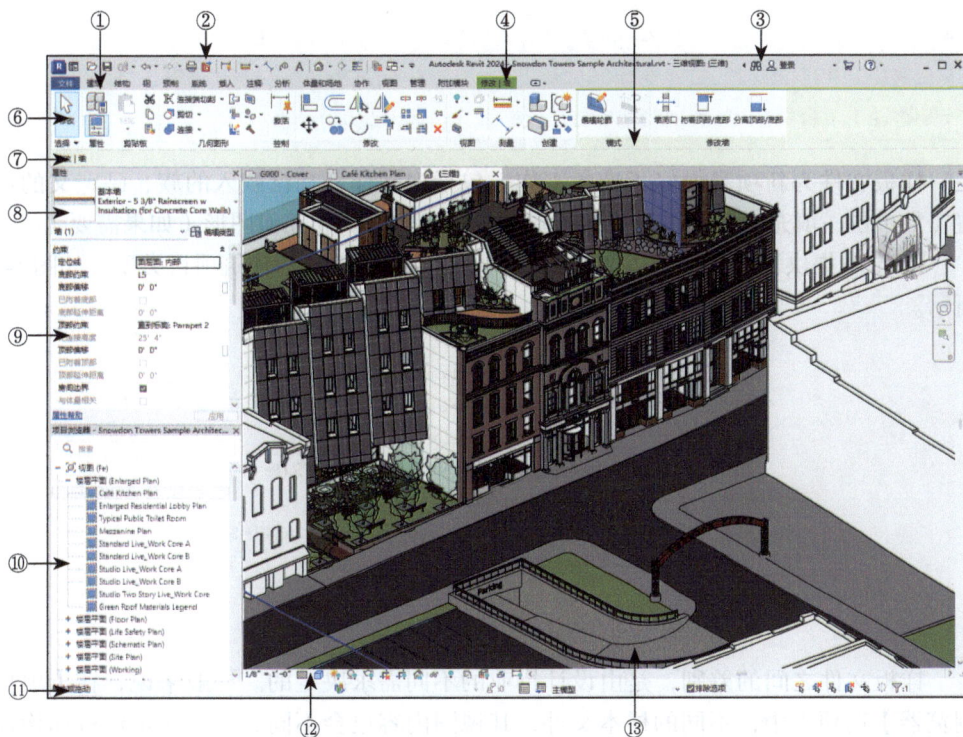

①应用程序选项卡；②快速访问工具栏；③信息中心；④上下文选项卡；⑤面板；⑥功能区；⑦选项栏；⑧类型选择器；⑨【属性】选项板；⑩【项目浏览器】选项板；⑪状态栏；⑫视图控制栏；⑬图形区

图 1-2

1.3 项目视图

Revit 的项目视图是创建模型和设计图纸的重要参考。用户可以借助不同的视图（工作平面）创建模型，也可以借助不同的视图来创建结构施工图、建筑施工图、水电气布线图、设备管路设计施工图等。进入不同的模型组件，就会显示不同的模型视图。

1.3.1 项目样板与项目视图

在建筑模型中，所有的图纸、二维视图、三维视图及明细表都是同一个基本建筑模型数据库的信息的表现形式。

不同的项目视图由不同的样板文件表示。用户可以在【新建项目】对话框中选择【构造样板】、【建筑样板】、【结构样板】或【机械样板】等样板文件，如图 1-3 所示。

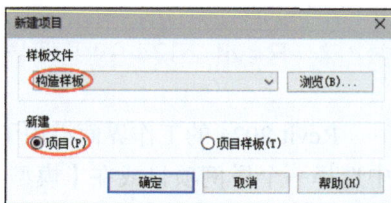

图 1-3

> ↘ **提示**：首次安装 Revit 2024 不显示样板文件，用户可从 Autodesk 官方网站进行下载，下载后将 "RVT 2024" 文件夹复制并粘贴到 C:\ProgramData\Autodesk 路径（Revit 2024 安装路径）下覆盖同名 "RVT 2024" 文件夹即可。

样板文件为新项目做好了准备工作，包括视图样板、已载入的族、已定义的设置（如单位、填充样式、线样式、线宽、视图比例等）和几何图形（如果需要）。

Revit 中提供了若干个样板文件，分别用于不同的工程和建筑项目类型，如图 1-4 所示。

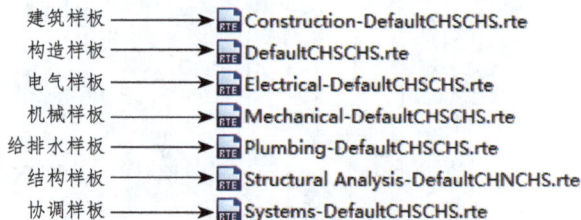

建筑样板 ——————→	Construction-DefaultCHSCHS.rte
构造样板 ——————→	DefaultCHSCHS.rte
电气样板 ——————→	Electrical-DefaultCHSCHS.rte
机械样板 ——————→	Mechanical-DefaultCHSCHS.rte
给排水样板 ——————→	Plumbing-DefaultCHSCHS.rte
结构样板 ——————→	Structural Analysis-DefaultCHNCHS.rte
协调样板 ——————→	Systems-DefaultCHSCHS.rte

图 1-4

样板文件之间的差别，是由设计行业的不同需求决定的。一般来说，在【项目浏览器】选项板中，不同的样本文件，其视图内容也会不同。但是建筑样板和构造样板的视图内容是一样的，也就是说，这两种样板都可以进行建筑模型设计，出图的种类也是最多的。图 1-5 所示为建筑样板与构造（构造设计包括零件设计和部件设计）样板的视图内容。

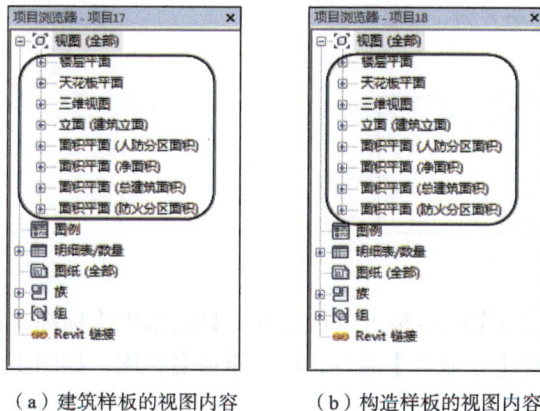

（a）建筑样板的视图内容　　　　（b）构造样板的视图内容

图 1-5

> **提示**：在 Revit 中进行建筑模型设计，只能创建一些造型较为简单的建筑框架、室内建筑构件、外幕墙等模型，外形复杂的建筑模型只能通过第三方软件（如 Rhino、SketchUp、3ds Max 等）进行造型设计，然后通过转换格式导入或链接到 Revit 中。

电气样板、机械样板、给排水样板和结构样板的视图内容如图 1-6 所示。

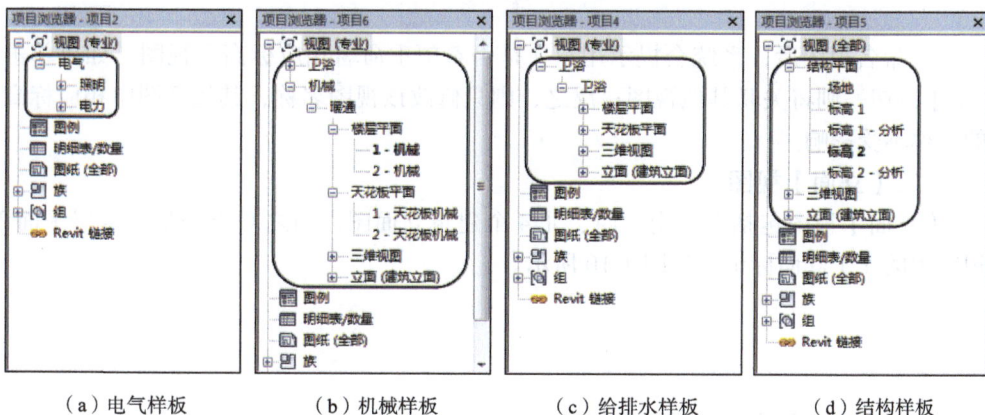

（a）电气样板　　　（b）机械样板　　　（c）给排水样板　　　（d）结构样板

图 1-6

1.3.2 项目视图的基本使用方法

下面以【楼层平面】和【立面】视图为例，介绍项目视图的基本使用方法。

一、【楼层平面】视图

在【项目浏览器】选项板中，【楼层平面】视图节点下默认的视图包括【场地】、【标高 1】、【标高 2】，如图 1-7 所示。【场地】视图包括属于场地的所有构建要素，如绿地、院落植物、围墙、地坪等。一般来说，场地的标高要比第一层的标高低，以避免往室内渗水。【标高 1】视图就是建筑的地上第一层，与立面图中的【标高 1】标高是

——一对应的，如图 1-8 所示。

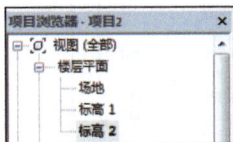

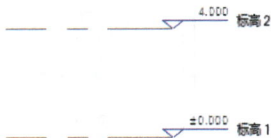

　　图 1-7　　　　　　　　　　　　　　　　　图 1-8

　　平面图中【标高 1】的名称可以被修改，只需选中【标高 1】视图并右击，在弹出的快捷菜单中选择【重命名】命令，即可重命名视图，如图 1-9 所示。

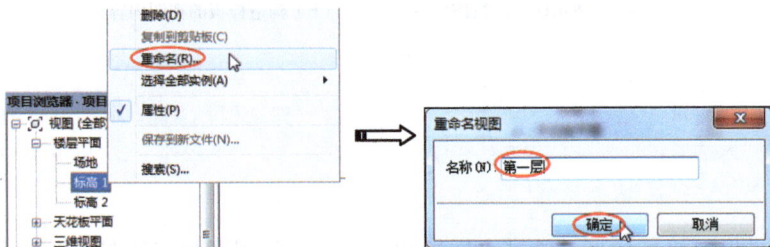

图 1-9

　　重命名视图后，系统会提示用户：是否希望重命名相应标高和视图。如果单击【是】按钮，则将关联其他视图；反之，则只修改该视图名称，其他视图中相应标高的名称不受影响。

二、【立面】视图

　　【立面】视图包括东、南、西、北 4 个建筑立面图，与之对应的是【楼层平面】视图中的 4 个立面标记，如图 1-10 所示。

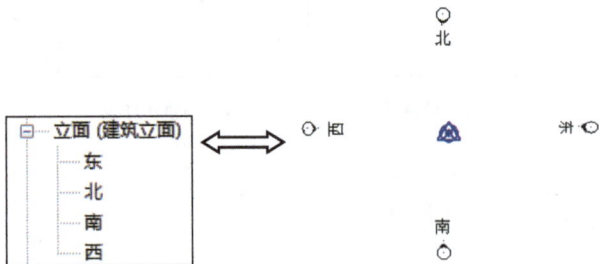

图 1-10

　　在【楼层平面】视图中双击立面标记，即可转入该标记指示的【立面】视图中。

1.3.3　视图控制栏上的视图显示工具

　　图形区下方的视图控制栏上的视图显示工具可以帮助用户快速操作视图。

视图控制栏上的视图显示工具如图1-11所示。下面简单介绍这些工具的基本用法。

图 1-11

一、视觉样式

通过视图控制栏上的【视觉样式】工具，可以实现图形的模型显示样式设置。单击【视觉样式】按钮🗗，会弹出一个列表，如图1-12所示。选择【图形显示选项】，可打开【图形显示选项】对话框进行视图设置，如图1-13所示。

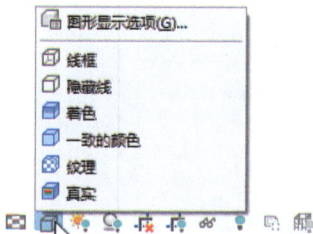

图 1-12

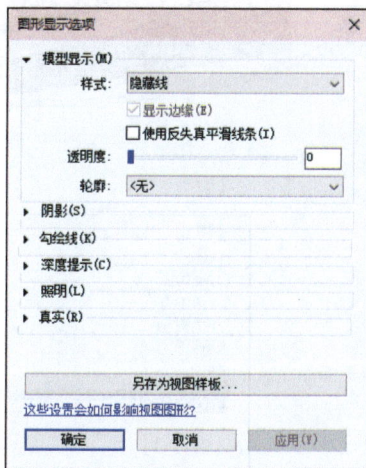

图 1-13

二、日光设置

当渲染场景为白天时，可以设置日光。单击【关闭日光路径】按钮，会弹出包含4个选项的列表，如图1-14所示。

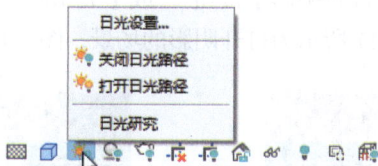

图 1-14

日光路径是指一天中阳光在地球上照射的时间和地理路径，并通过运动轨迹可视化，如图1-15所示。

选择【日光设置】选项，可以打开【日光设置】对话框进行日光研究和设置，如图1-16所示。

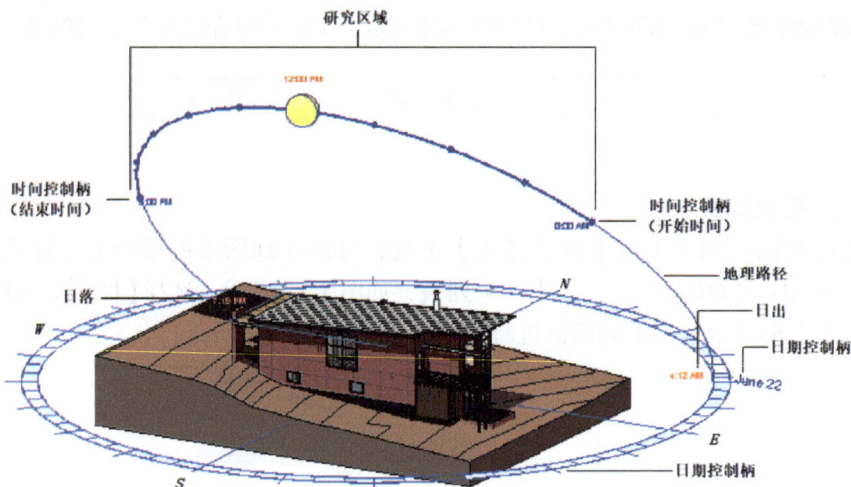

图 1-15

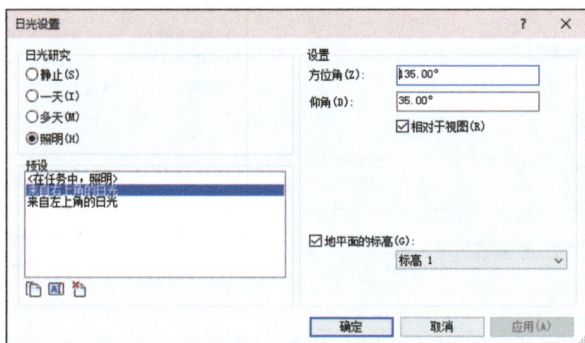

图 1-16

三、阴影开关

在视图控制栏上单击【打开阴影】按钮 🔆 或【关闭阴影】按钮 🔆，可以显示或关闭渲染场景中的阴影。图 1-17 所示为打开阴影的场景，图 1-18 所示为关闭阴影的场景。

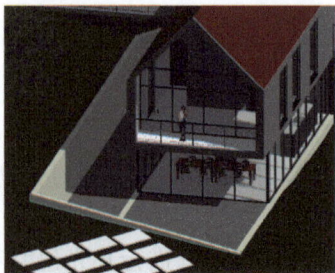

图 1-17

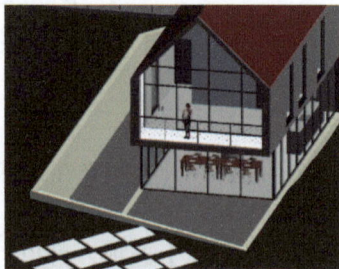

图 1-18

四、视图的剪裁

剪裁视图主要用于查看三维建筑模型剖面在被剪裁之前和被剪裁之后的视图状态。

【例 1-1】查看视图被剪裁与不被剪裁的状态。

1. 从 Revit 2024 的主页界面中打开建筑样例项目文件（Revit 自带的练习文件）。

2. 进入 Revit 工作界面后，在【项目浏览器】选项板中选择【视图】/【立面图】/【East】视图，打开【East】立面图，如图 1-19 所示。

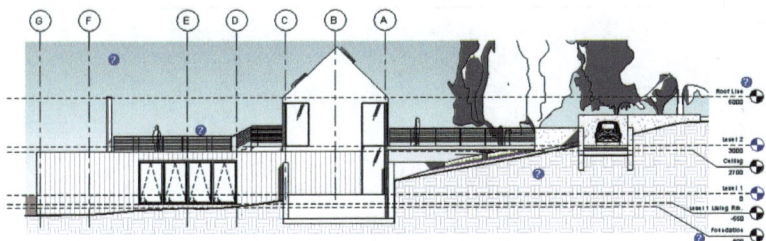

图 1-19

3. 此视图实际上是一个剪裁视图。单击视图控制栏上的【不剪裁视图】按钮，可以查看被剪裁之前的视图，如图 1-20 所示。

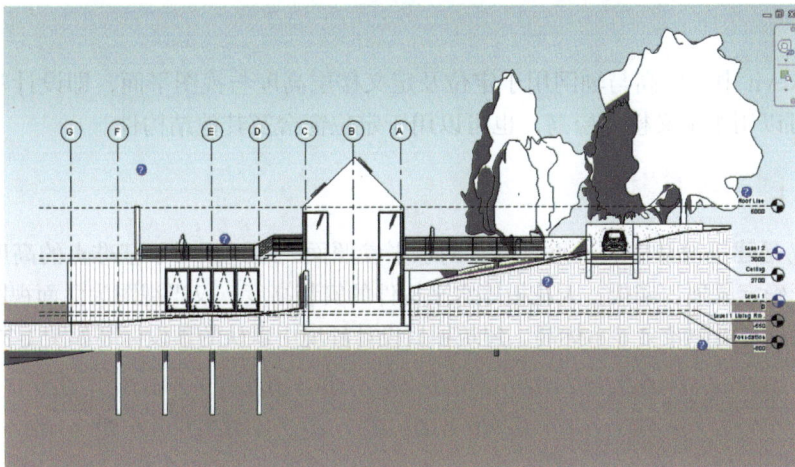

图 1-20

4. 此视图是没有显示视图剪裁边界的，可单击【显示裁剪区域】按钮显示视图剪裁边界，如图 1-21 所示。

5. 要返回正常的立面图显示状态，需要在视图控制栏上单击【剪裁视图】按钮和【隐藏裁剪区域】按钮，如图 1-22 所示。

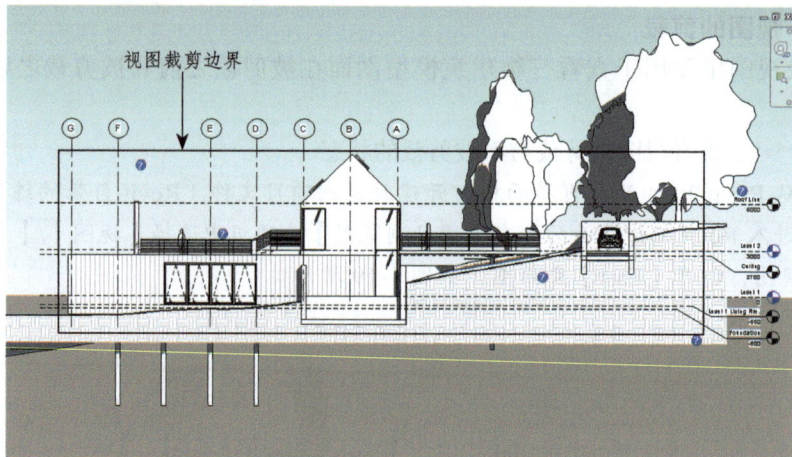

图 1-21

图 1-22

1.4　Revit 标高与轴网设计

在 Revit 中，标高与轴网用于定位及定义楼层高度与视图平面，即设计基准。标高不仅可以用于定义楼层层高，也可以用于定位窗台及其他结构件。

1.4.1　创建与编辑标高

标高是建筑设计中表示垂直位置的水平参照面，通过相对于基准点的高度值来定义，用于确定屋顶、楼板、天花板等水平构件的安装高度。仅当视图为立面视图时，建筑项目设计环境中才会显示标高。建筑项目设计环境中默认的预设标高如图 1-23 所示。

图 1-23

用户可以调整标高的范围，使其不在某些视图中显示，如图 1-24 所示。

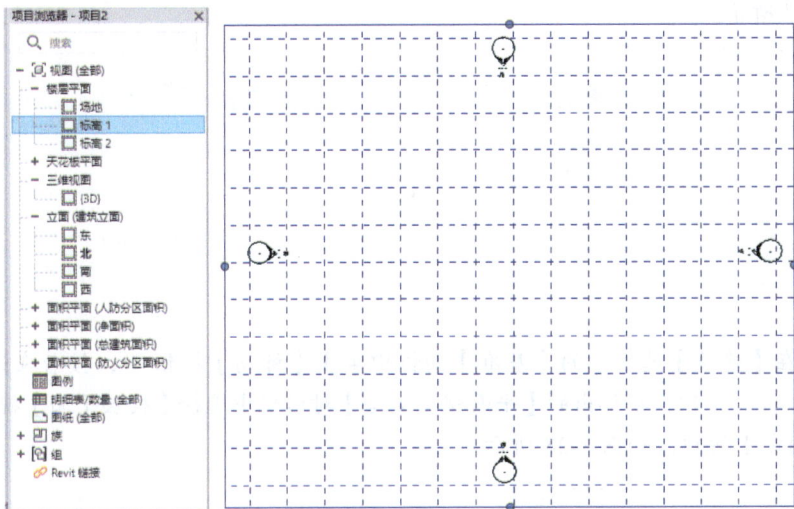

图 1-24

【例 1-2】创建并编辑标高。

1. 启动 Revit 2024，在主页界面的【项目】选项组中选择【新建】选项，打开【新建项目】对话框。

2. 单击【浏览】按钮，在打开的【选择样板】对话框中选择本例源文件夹中的"Revit 2024 中国样板 .rte"文件，单击【打开】按钮，然后单击【新建项目】对话框中的【确定】按钮，如图 1-25 所示。

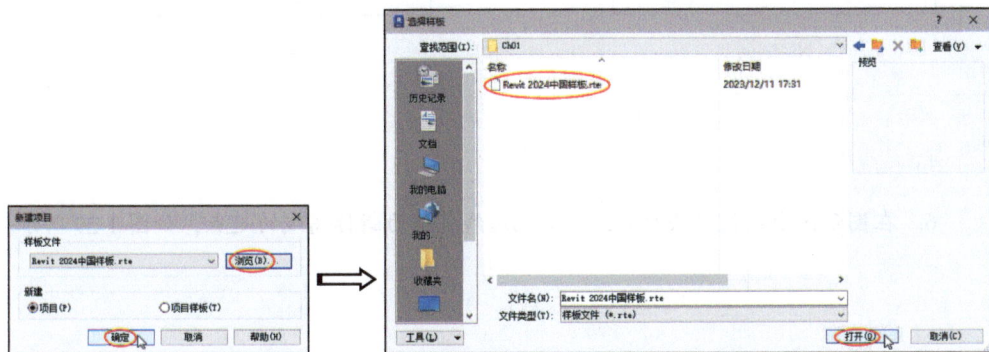

图 1-25

3. 在【项目浏览器】选项板中切换【标高 1】楼层平面图为【立面】/【东】视图，立面图中将显示预设的标高，如图 1-26 所示。

4. 由于加载的样板文件为 GB 样板，因此无须更改项目单位。如果不是 GB 样板，则需要在【管理】选项卡的【设置】面板中单击【项目单位】按钮，在打开的【项目单位】对话框中，设置长度的单位为 mm、面积的单位为 m^2、体积的单位为 m^3，如图 1-27 所示。

图 1-26

5. 在【建筑】选项卡的【基准】面板中单击【标高】按钮 ，接着在选项栏中
单击 平面视图类型... 按钮，在弹出的【平面视图类型】对话框中选择【楼层平面】视图类型，
单击【确定】按钮，如图 1-28 所示。

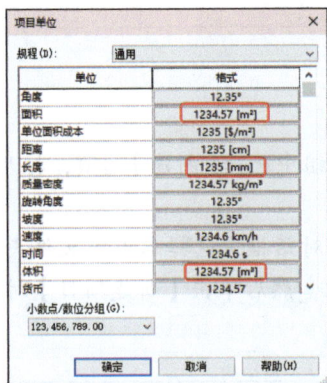

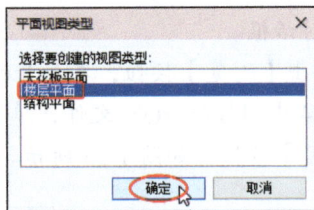

图 1-27   图 1-28

> **提示**：如果【平面视图类型】对话框中其余的视图类型也被选中，则可以在按住 Ctrl 键
> 的同时选择相应的视图类型，取消对视图类型的选择。

6. 在图形区中捕捉标头对齐线（蓝色虚线）作为新标高线的起点，如图 1-29 所示。

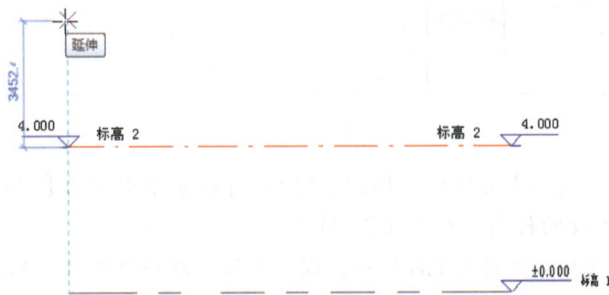

图 1-29

7. 单击确定起点后，沿水平方向绘制标高线，直到捕捉到另一侧的标头对齐线，单击确定标高线的终点，如图 1-30 所示。

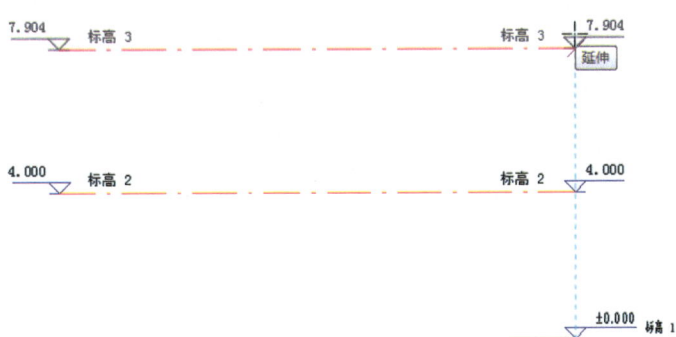

图 1-30

8. 绘制的标高此时处于被激活状态，可以修改标高的临时尺寸值。修改后，标高符号上面的值将随之变化，并且标高线上会自动显示【标高 3】名称，如图 1-31 所示。

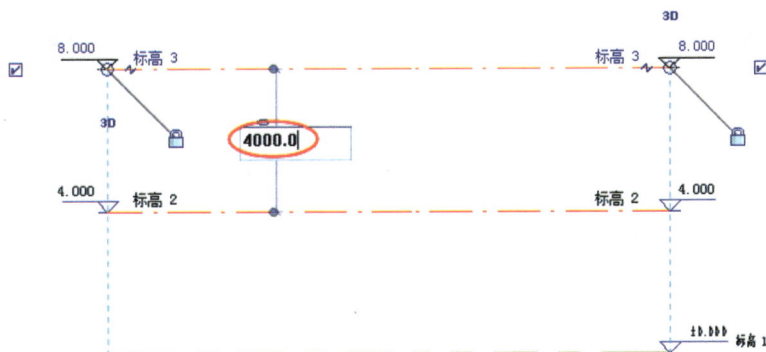

图 1-31

9. 按 Esc 键退出当前操作。接下来介绍另一种较高效的标高创建方法，即利用【复制】工具创建标高。利用此方法可以连续创建多个标高值相同的标高。

10. 选中刚才创建的【标高 3】，切换到【修改 | 标高】上下文选项卡。单击此上下文选项卡中的【复制】按钮，并在选项栏上勾选【多个】复选框。然后在图形区【标高 3】的任意位置拾取复制的起点，如图 1-32 所示。

11. 垂直向上移动轴线，并在某位置单击，确定复制的终点，以放置复制的【标高 4】，如图 1-33 所示。

12. 继续垂直向上移动轴线并单击放置复制的标高，直到完成所有标高的创建，按 Esc 键退出操作，如图 1-34 所示。

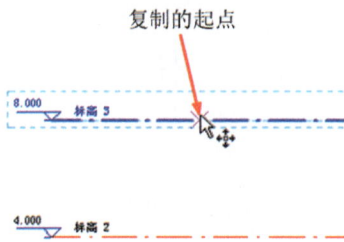

复制的起点

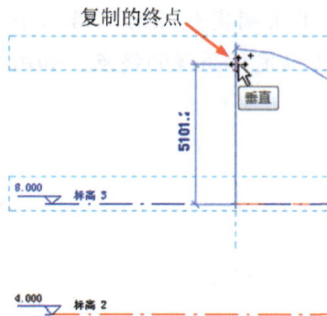

复制的终点

图 1-32　　　　　　　　　　　　　　　　　图 1-33

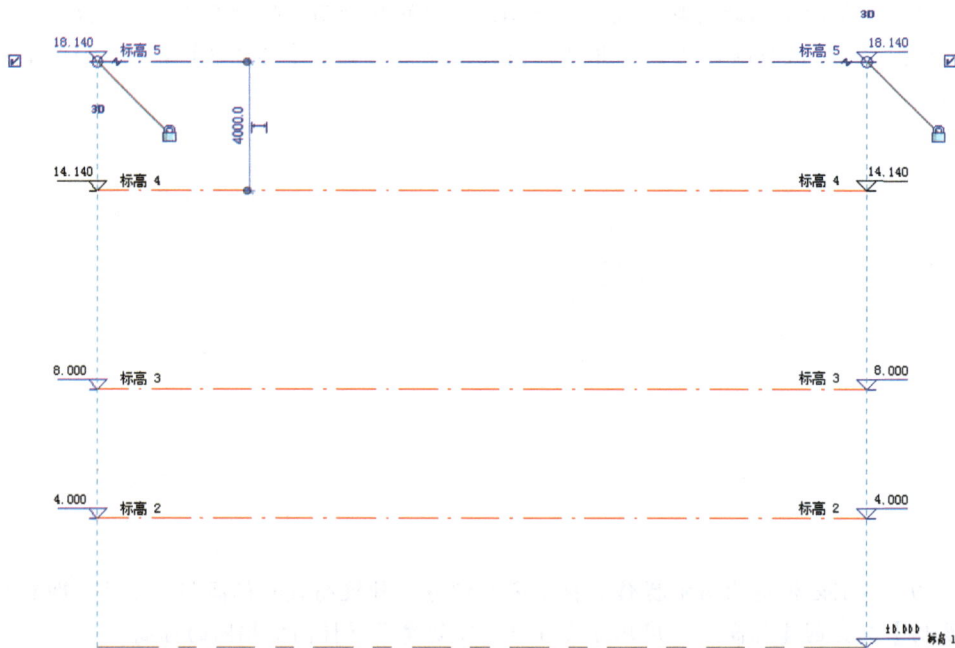

图 1-34

> ↘ **提示**：如果是高层建筑，则利用【复制】工具创建标高的效率还不够高，建议利用【阵列】工具，一次性完成所有标高的创建。这里不再详细讲解，读者可以尝试自行完成操作。

13. 修改复制后的每一个标高值，最上面的标高修改的是标头上的总标高值，修改结果如图 1-35 所示。

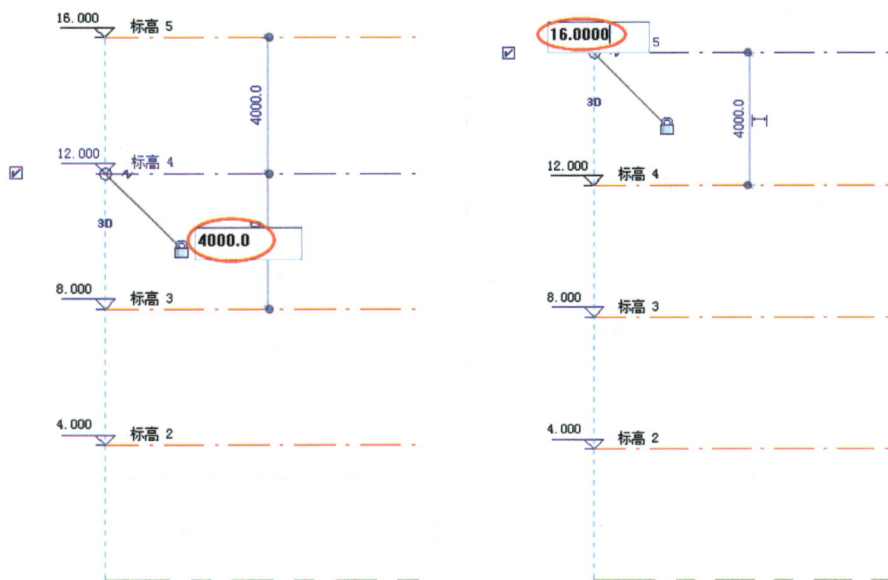

图 1-35

14. 同样，利用【复制】工具，将【标高 1】向下复制，得到一个标高值为负数的标高，如图 1-36 所示。

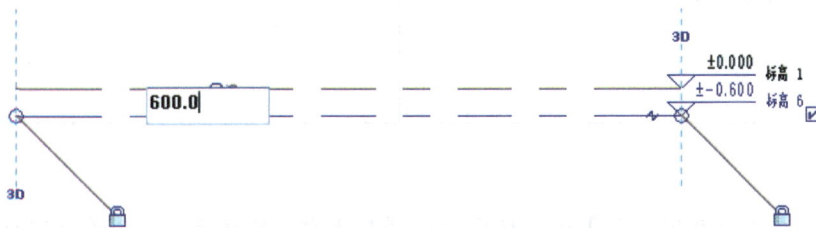

图 1-36

15. 从图中不难看出，【标高 1】和其他标高（上标头）的类型（族属性）不同，如图 1-37 所示。

16. 选中【标高 1】，在【属性】选项板的【类型选择器】下拉列表中重新选择【正负零标头】选项，使其与其他标高类型保持一致，如图 1-38 所示。

17. 同理，由于【标高 6】与【标高 1】的属性类型相同，因此重新将【标高 6】的标高类型设置为【下标头】，如图 1-39 所示。

18. 用户可以根据【标高 6】的用途修改其名称，例如，此标高用作室外场地的标高，可以在【属性】选项板中将其重命名为【室外场地】，如图 1-40 所示。

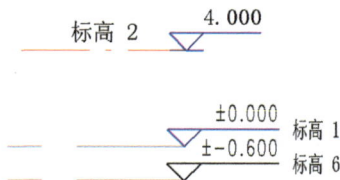

图 1-37

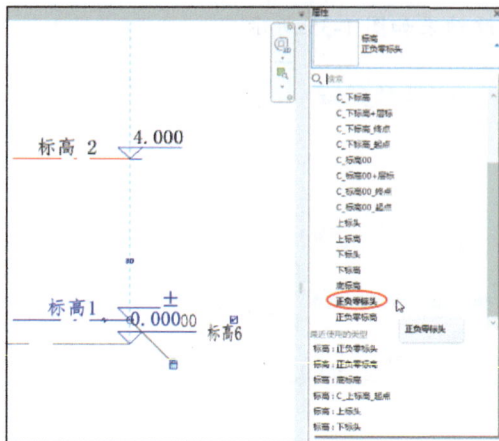

图 1-38

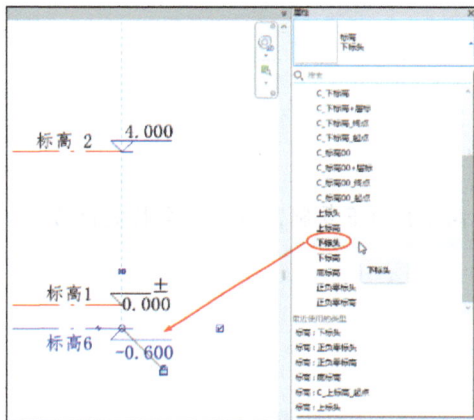

图 1-39

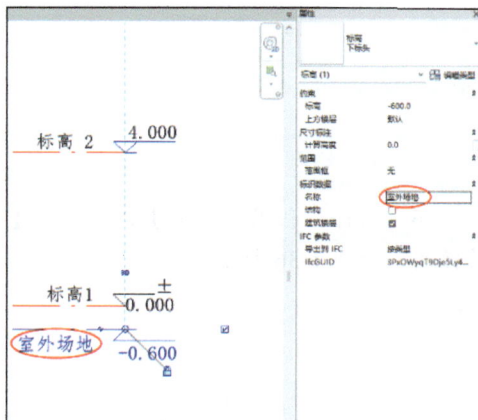

图 1-40

19. 在【项目浏览器】选项板中切换到其他方向的立面图，会看到同样的标高已被创建。但是在【项目浏览器】选项板的【楼层平面】视图节点中并没有出现利用【复制】或【阵列】工具创建的标高视图。而且在图形区中，通过【复制】或【阵列】工具创建的标高的标头颜色为黑色，与【项目浏览器】选项板中一一对应的标高的标头颜色则为蓝色，如图 1-41 所示。

20. 双击蓝色的标头，会跳转到相对应的【楼层平面】视图中，而双击黑色标头却没有反应。其原因就是利用【复制】或【阵列】工具仅仅是复制了标高的样式，并不能复制标高所对应的视图。

21. 为缺少视图的标高添加楼层平面视图。在【视图】选项卡的【创建】面板中，单击【平面视图】下拉列表中的【楼层平面】按钮，如图 1-42 所示。

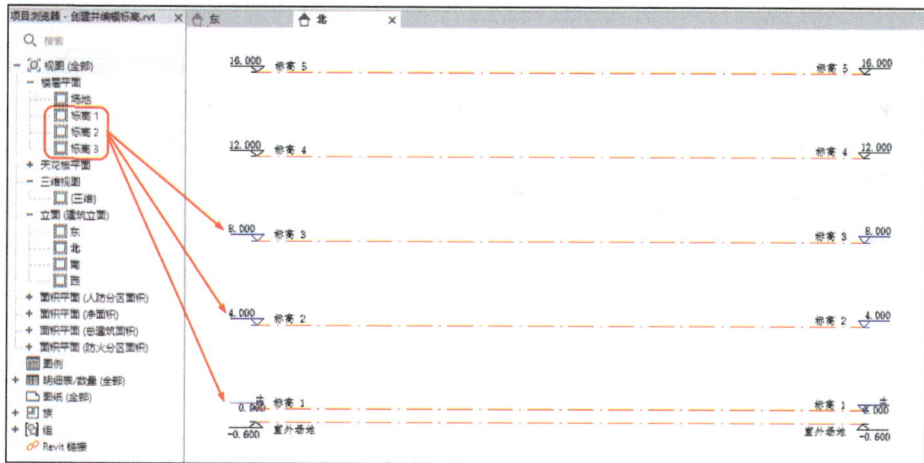

图 1-41

22. 打开【新建楼层平面】对话框，在该对话框的视图列表框中，列出了还未创建视图的所有标高。在按住 Ctrl 键的同时单击选中所有标高，然后单击【确定】按钮，即可完成楼层平面视图的创建，如图 1-43 所示。

23. 在创建楼层平面视图后，【项目浏览器】选项板的【楼层平面】视图节点下的视图如图 1-44 所示。图形区中之前黑色的标头已经转变为蓝色的标头。

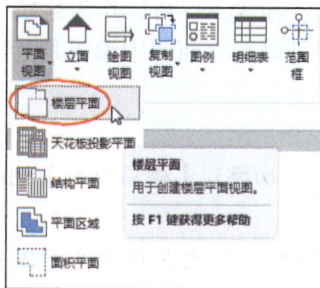

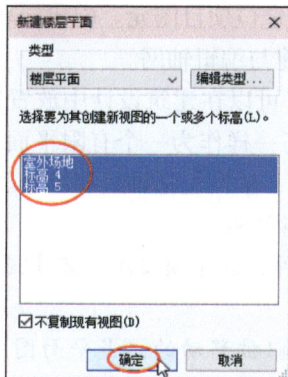

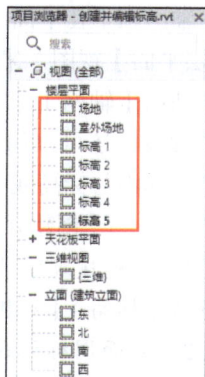

图 1-42　　　　　　　　　图 1-43　　　　　　　　　图 1-44

> **提示：**【楼层平面】视图节点下默认的【场地】视图是整个项目的总平面视图，其标高值默认为 0，且与【标高 1】平面是重合的。我们所创建的【室外场地】标高用于建设建筑外的地坪。

24. 单击任意一条标高线，会显示临时尺寸、标高标头、3D/2D 切换符号等，如图 1-45 所示。用户可以编辑其尺寸值，单击并拖曳控制符号可以整体或单独调整标高标头的位置，通过复选框可以控制标头隐藏或显示，通过标头对齐锁可以偏移标头等。

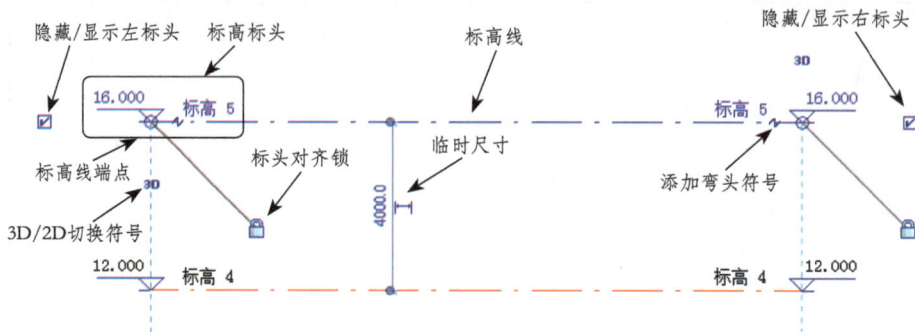

图 1-45

> ↳ **提示：** Revit 中标高的标头包含标高符号、标高名称、弯头符号和标高线端点。

25.　当相邻的两个标高靠近时，有时会出现标头文字重叠的情况。此时可以单击标高线上的添加弯头符号（见图 1-45）来添加弯头，使不同标高的标头文字完全显示，如图 1-46 所示。

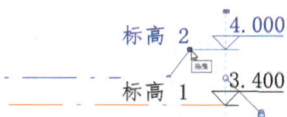

图 1-46

1.4.2　创建与编辑轴网

轴网用于在平面图中定位项目图元。创建标高后，可以切换到任意平面视图（如【楼层平面】视图）来创建与编辑轴网。

利用【轴网】工具，可以在建筑设计中放置轴线。轴线不仅可以作为建筑墙体的中轴线，还可以像标高一样作为一个有限平面，即可以在立面图中编辑其范围大小，使其不与标高线相交。轴网包括轴线和轴号。

【例 1-3】创建并编辑轴网。

1.　新建建筑项目文件，在【项目浏览器】选项板中切换到【楼层平面】视图节点下的【标高 1】视图。

2.　立面图标记是可以被移动的，当平面图所占区域比较大且超出立面图标记时，可以拖曳立面图标记，如图 1-47 所示。

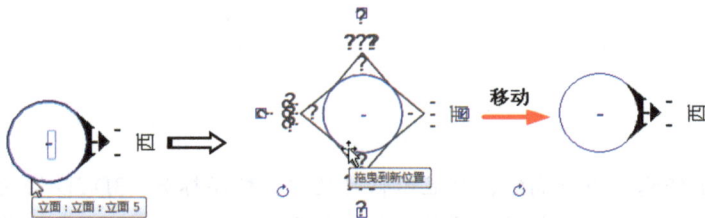

图 1-47

3. 在【创建】选项卡的【基准】面板中单击【轴网】按钮⊞，然后在立面图标记内以绘制直线的方式放置第一条轴线与相应的轴号，如图 1-48 所示。

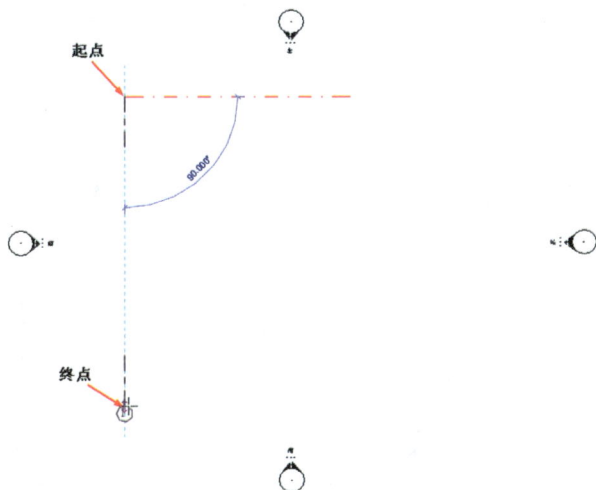

图 1-48

4. 绘制第一条轴线后，从【属性】选项板中可以看出此轴线的属性类型为【6.5mm编号间隙】，说明所绘制的轴线存在间隙，并且单边有轴号，这种样式不符合我国的建筑标准，如图 1-49 所示。

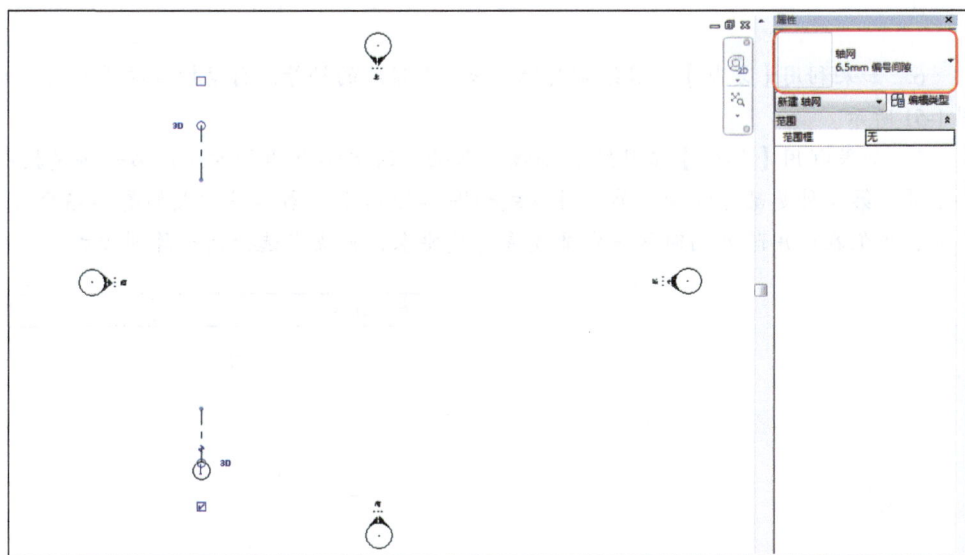

图 1-49

5. 在【属性】选项板的【类型选择器】下拉列表中选择【双标头】类型，绘制的轴线随之被更改为双标头的轴线，如图 1-50 所示。

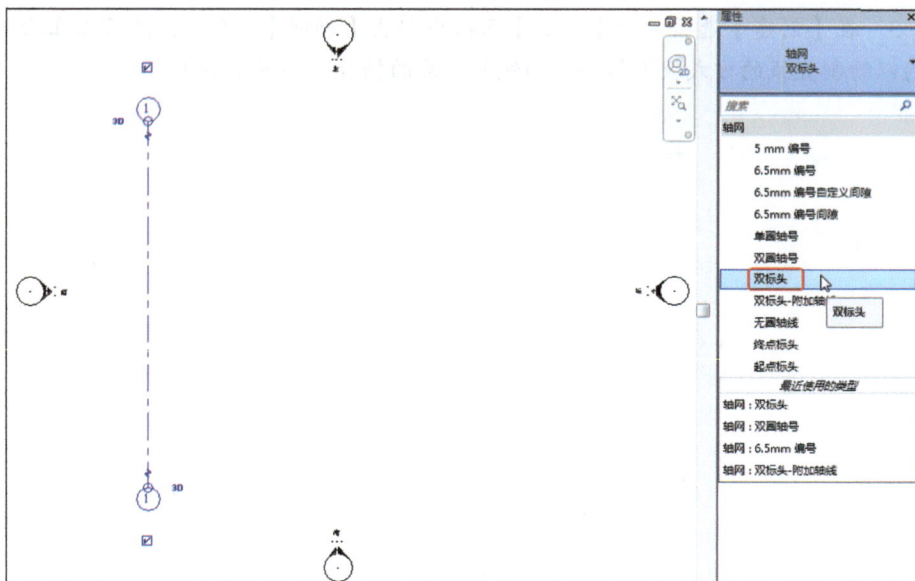

图 1-50

> **提示**：接下来继续绘制轴线。如果轴线与轴线的间距是不相等的，则可以利用【复制】工具复制；如果轴线与轴线的间距相等，则可以利用【阵列】工具快速绘制轴线；如果楼层的布局是左右对称型的，则可以先绘制一半的轴线，再利用【镜像】工具快速绘制另一半轴线。

6. 如果利用【复制】工具绘制其他轴线，则轴线的轴号是自动按顺序排列的，如图 1-51 所示。

7. 如果利用【阵列】工具绘制轴线，则轴号的编排有两种方式：第一种是按顺序编号；第二种是乱序编号。第一种方式如图 1-52 所示。第二种方式如图 1-53 所示。因此，我们在选用阵列的时候一定要先弄清楚要求，再决定选择何种阵列方式。

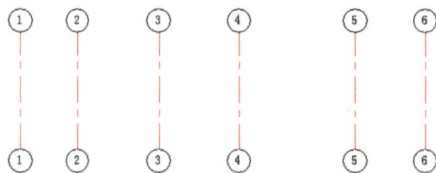

图 1-51

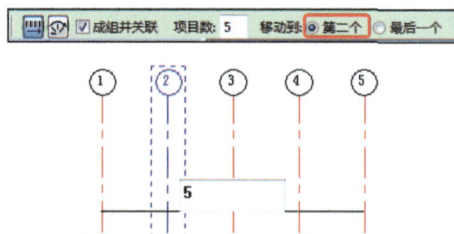

图 1-52

8. 如果利用【镜像】工具绘制轴线，则轴号不会按顺序排列。例如，将轴线 3 作为镜像轴，镜像轴线 1 和轴线 2，得到的结果如图 1-54 所示。

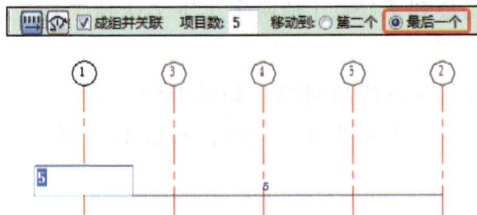

图 1-53

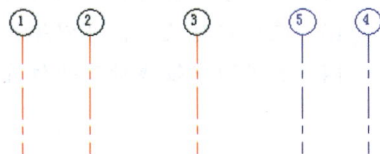

图 1-54

9. 在绘制完横向布置的轴线后，继续绘制纵向布置的轴线，绘制的顺序是从下至上，如图 1-55 所示。

> ↘ **提示**：横向布置的轴线是用阿拉伯数字从左到右按顺序编写轴号的，而纵向布置的轴线则是用大写的拉丁字母从下往上编写轴号的。

10. 绘制完纵向布置的轴线后，由于其编号仍然是阿拉伯数字，因此需选中圈内的数字进行修改，从下往上依次修改为 A、B、C、D，如图 1-56 所示。

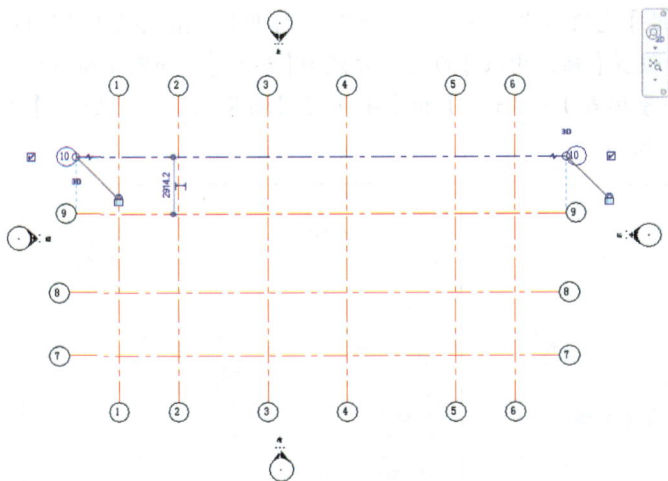

图 1-55

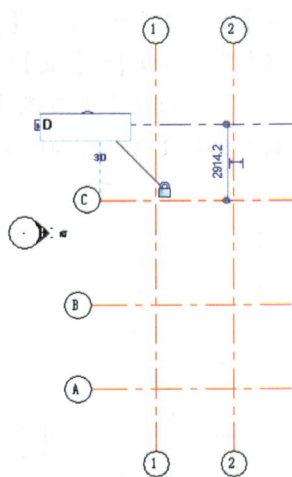

图 1-56

11. 单击其中一条轴线，即可进入编辑状态，如图 1-57 所示。

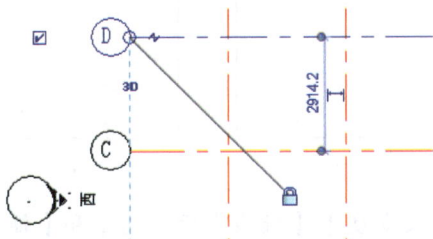

图 1-57

12. 轴线编辑与标高编辑是相似的，切换到【修改 | 轴网】上下文选项卡后，可以利用【修改】工具对轴线进行修改。

13. 选中临时尺寸，可以编辑此轴线与相邻轴线的间距，如图 1-58 所示。

14. 当轴网中轴线标头的位置对齐时，会出现标头对齐虚线，如图 1-59 所示。

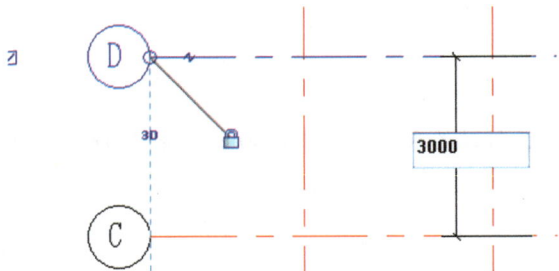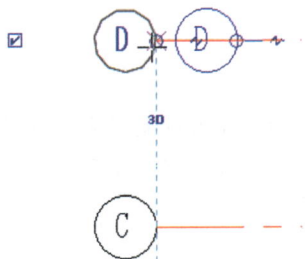

图 1-58　　　　　　　　　　　　　　图 1-59

15. 单击任意一条轴线，勾选或取消勾选标头外侧的复选框☑，即可显示或隐藏轴号。

16. 如果需要控制所有轴号的显示，则选择所有轴线，自动切换到【修改 | 轴网】上下文选项卡，在【属性】选项板中单击 编辑类型 按钮，打开【类型属性】对话框。在【类型参数】的【值】列中设置【轴线中段】的显示方式为【连续】，如图 1-60 所示。

17. 勾选【平面视图轴号端点 1（默认）】和【平面视图轴号端点 2（默认）】参数右侧的复选框，如图 1-61 所示。

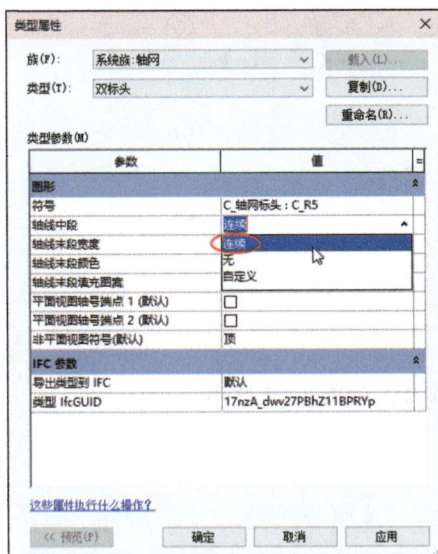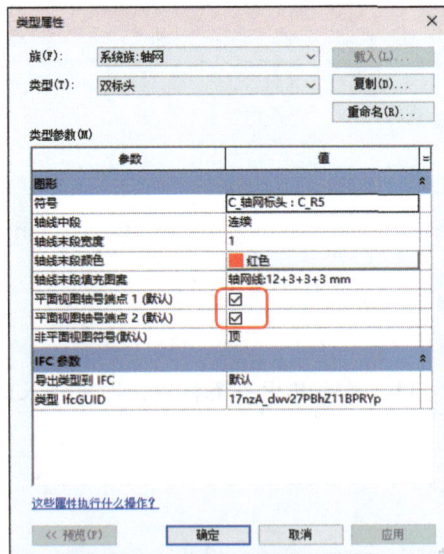

图 1-60　　　　　　　　　　　　　　图 1-61

18. 设置【轴线末段宽度】、【轴线末段颜色】和【轴线末段填充图案】的值，如图 1-62 所示。

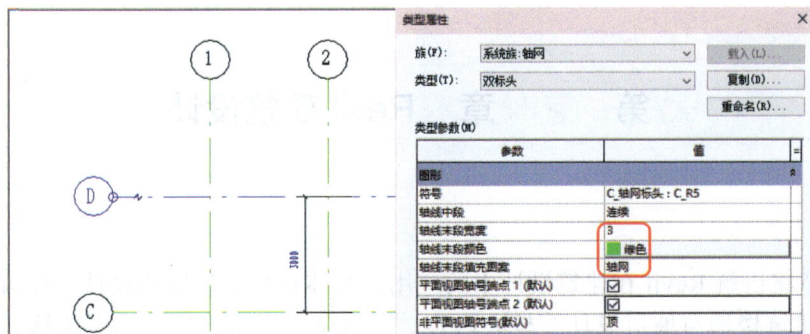

图 1-62

19. 如果将【轴线中段】的显示方式设置为【无】，则轴网的样式如图 1-63 所示。

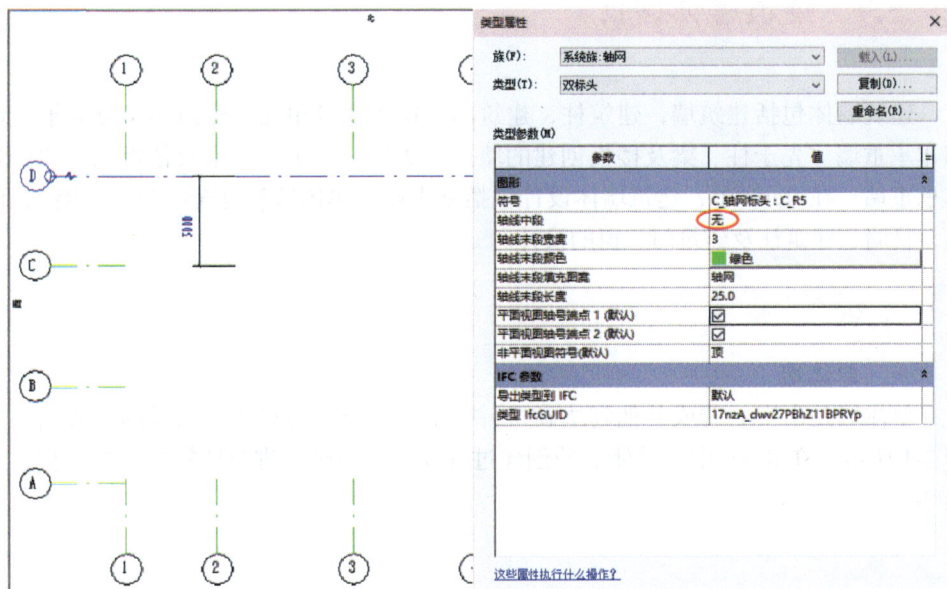

图 1-63

20. 当两条轴线相距较近时，可以单击添加弯头符号，拖曳以改变轴号的位置，如图 1-64 所示。

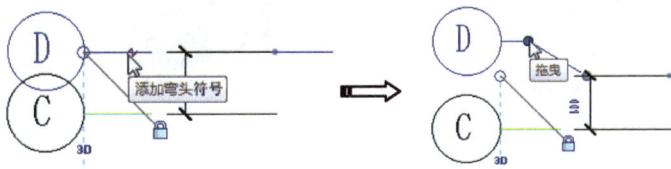

图 1-64

第 ② 章　Revit 建筑设计

本章将讲解 Revit 在建筑设计中的应用，具体包括建筑墙体设计、建筑楼地层设计、建筑楼梯与坡道设计等核心内容。通过学习本章内容，读者能够掌握利用 Revit 进行建筑设计的基本方法和技巧，为未来的设计实践奠定坚实的基础。

■ 2.1　建筑墙体设计

建筑墙体包括建筑墙，建筑柱，建筑门、窗等建筑单元。建筑墙又分为承重墙和非承重墙。先于柱、梁及楼板创建的墙是承重墙，后于柱、梁及楼板创建的墙是非承重墙。在 Revit 中，建筑墙体设计包括基本墙（单体墙、复合墙与叠层墙）、面墙、幕墙、建筑柱及建筑门、窗的设计。

2.1.1　基本墙设计

一、单体墙

单体墙是由实心砖或其他砌块砌筑，或由混凝土等材料浇筑而成的实心墙，如图 2-1 所示。在 Revit 中，单体墙的创建过程就是参照轴网进行墙族放置的过程，如图 2-2 所示。

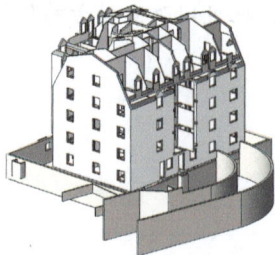

图 2-1

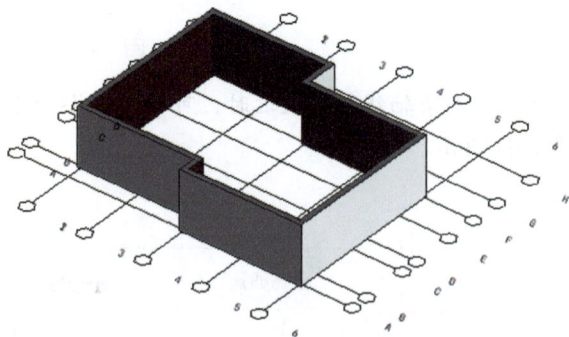

图 2-2

二、复合墙与叠层墙

复合墙与叠层墙是通过修改基本墙的属性得到的。

复合墙可包含多个垂直层或者区域，如图 2-3 所示。

在创建墙时，可以从墙【属性】选项板中选择复合墙的系统族来创建复合墙，如图 2-4 所示。

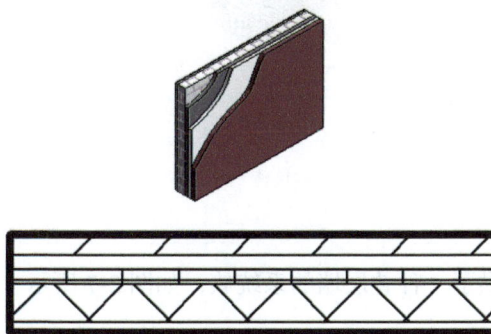

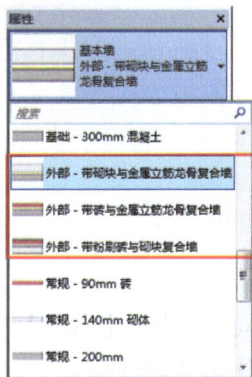

图 2-3   图 2-4

选择复合墙的系统族后，单击【属性】选项板中的【编辑类型】按钮，在打开的【类型属性】对话框的【类型参数】列表中单击【编辑】按钮，在打开的【编辑部件】对话框中可编辑复合墙的结构，如图 2-5 所示。

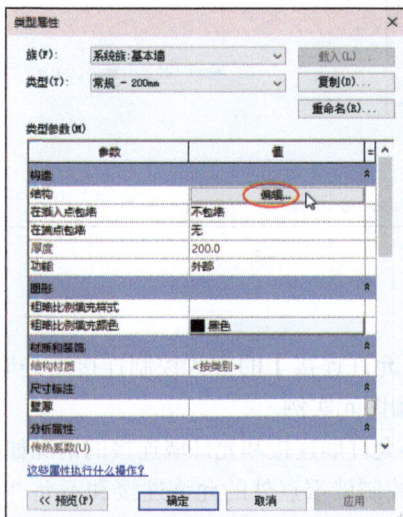

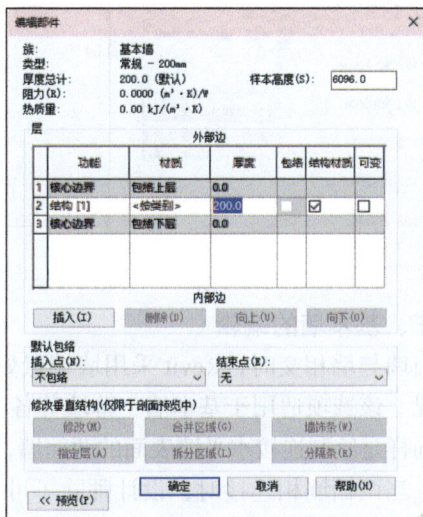

图 2-5

叠层墙是一种由若干个不同子墙（基本墙类型）相互堆叠而成的主墙，可以在不同的高度定义不同的墙厚、复合层和材质，如图 2-6 所示。

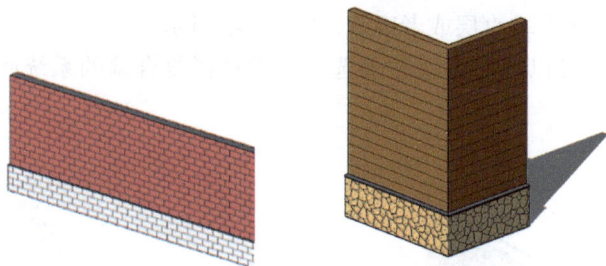

图 2-6

↳ **提示**：复合墙的拆分是基于外墙涂层的拆分，并非墙体拆分，而叠层墙是将墙体拆分成上下几部分。

　　同样，在墙【属性】选项板中提供了一种叠层墙的系统族，如图 2-7 所示。其结构属性如图 2-8 所示。

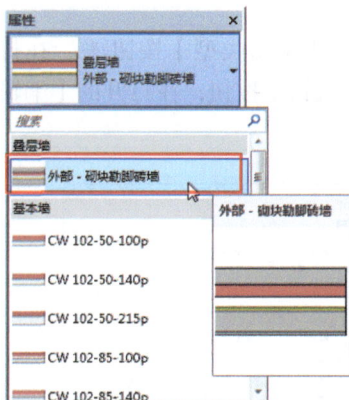

图 2-7

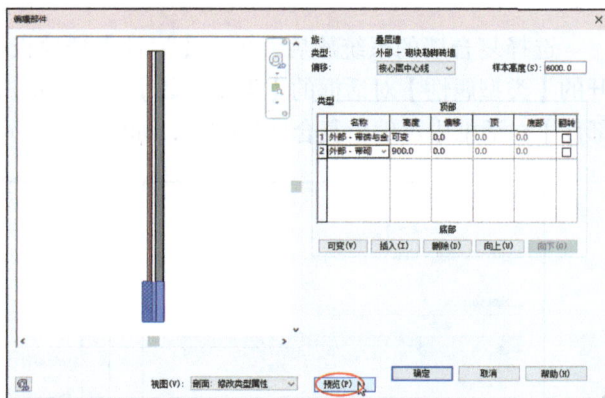

图 2-8

三、基本墙的编辑

　　当墙与墙相交时，Revit 采用墙端点处【允许连接】的方式控制连接点处墙连接的情况。该选项适用于基本墙、幕墙等各种墙图元实例。

　　同样是绘制连接水平墙表面的两面墙，不允许墙连接和允许墙连接的情况如图 2-9 所示。当两面墙相连接时，设计师除了可以控制墙端点处的允许连接和不允许连接，还可以控制墙的连接方式。

　　在【修改】选项卡的【几何图形】面板中，提供了【墙连接】工具，如图 2-10 所示。

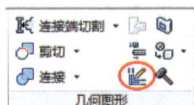

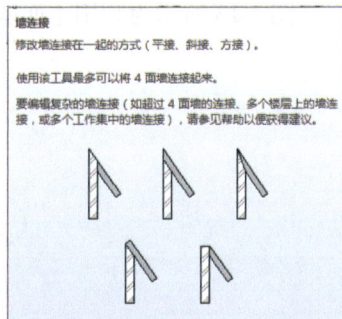

图 2-9　　　　　　　　　　　　　图 2-10

激活【墙连接】工具，移动鼠标指针至墙图元相连接的位置，Revit Architecture 模块将显示预选边框。单击要编辑的墙连接的位置，通过选项栏即可指定墙的连接方式，如图 2-11 所示。

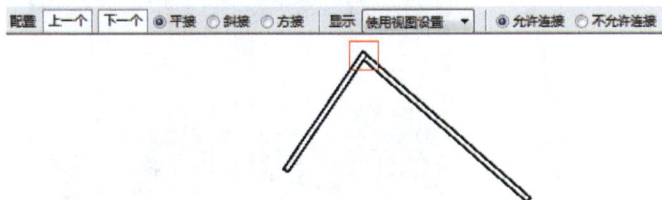

图 2-11

选中要修改的墙，激活【修改|墙】上下文选项卡，其中提供了【附着顶部/底部】和【分离顶部/底部】工具。单击【附着顶部/底部】按钮，再选择屋顶，即可自动创建墙与屋顶的附着，如图 2-12 所示。

- 【附着顶部/底部】工具用于将所选择的墙附着至其他图元对象上，如参照平面、楼板、屋顶、天花板等构件表面。
- 【分离顶部/底部】工具用于将附着的墙与其他图元对象分离。

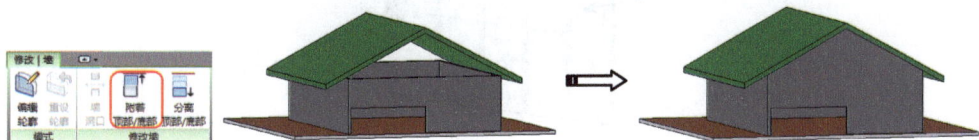

图 2-12

2.1.2　面墙设计

要创建斜墙或异形墙等面墙，可先在 Revit 概念体量设计环境中创建体量曲面或体量模型，然后在 Revit 建筑设计环境中利用【面墙】工具将体量表面转换为墙图元。

图 2-13 所示为利用【面墙】工具拾取体量曲面来生成异形墙。

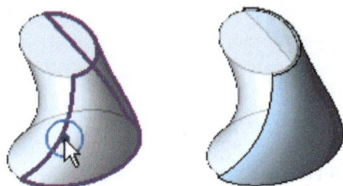

图 2-13

2.1.3　幕墙设计

幕墙按材料可分为玻璃幕墙、金属幕墙、石材幕墙等类型。图 2-14 所示为常见的玻璃幕墙。

图 2-14

幕墙系统由幕墙嵌板、幕墙网格、幕墙竖梃 3 部分构成，如图 2-15 所示。

Revit Architecture 模块提供了幕墙系统（其实是幕墙嵌板系统）族，用户可以利用【幕墙系统】工具创建所需的各类幕墙嵌板。

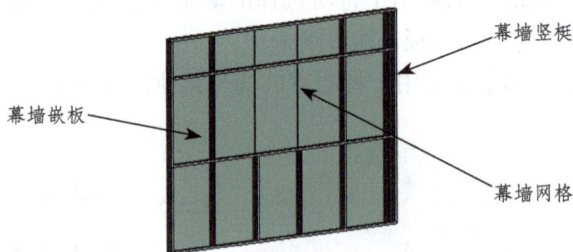

图 2-15

一、幕墙嵌板

幕墙嵌板是构成幕墙的基本单元，一块或多块幕墙嵌板组成了幕墙。幕墙嵌板的大小、数量由划分幕墙的幕墙网格决定。

幕墙嵌板是墙的一种类型，因此幕墙由基本墙转换而来，用户可以在【属性】

选项板的【类型选择器】中选择一种墙类型，也可以使用自定义的幕墙嵌板族。幕墙嵌板的尺寸不能像基本墙体那样通过拖曳控制柄或修改属性来修改，只能通过修改幕墙来调整。图 2-16 所示为创建幕墙嵌板的简单示例。

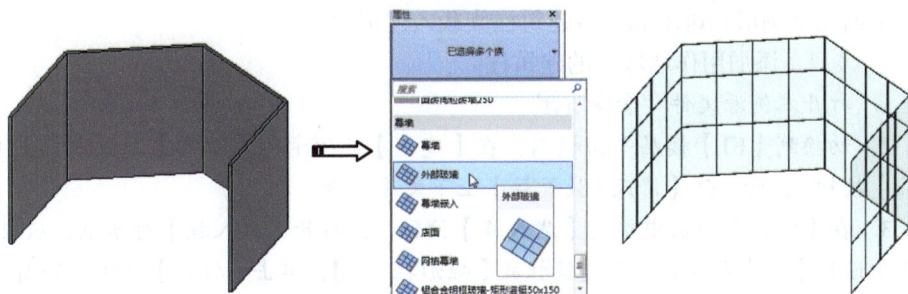

图 2-16

二、幕墙网格

【幕墙网格】工具的作用是重新对幕墙或幕墙系统进行网格划分（实际上是划分幕墙嵌板），如图 2-17 所示，划分后将得到新的幕墙网格布局。该工具有时也用于在幕墙中开窗、开门。在 Revit Architecture 模块中，用户可以手动或通过参数指定幕墙网格的划分方式和数量。

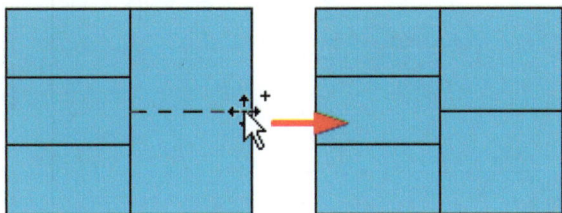

图 2-17

三、幕墙竖梃

幕墙竖梃即幕墙龙骨，是沿幕墙网格生成的线性构件。当删除幕墙网格时，依赖于该网格的幕墙竖梃也同时被删除。

图 2-18 所示为创建幕墙竖梃的简单示例。

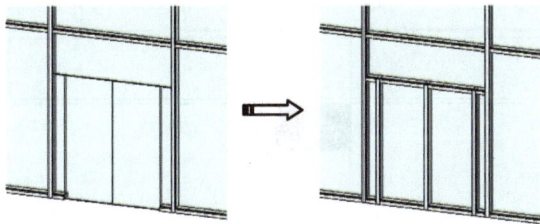

图 2-18

2.1.4　建筑柱设计

建筑柱有时作为墙垛子，用于加固外墙，也起到装饰外墙的作用；有时作为装饰柱，用于承载大门外的雨棚。

下面以案例形式讲解如何将建筑柱族载入建筑中。

【例 2-1】添加用作墙垛子的建筑柱。

1. 打开本例源文件"食堂 .rvt"。

2. 切换到【F1】楼层平面视图，在【建筑】选项卡的【结构】面板中单击【建筑柱】按钮 ▮，切换到【修改 | 放置柱】上下文选项卡。

3. 在【模式】面板中单击【载入族】按钮 ⬚，打开【载入族】对话框，从 Revit 族库中选择【柱】文件夹中的建筑柱族【矩形柱 .rfa】，单击【打开】按钮，如图 2-19 所示，打开族文件。

4. 在【属性】选项板的【类型选择器】下拉列表中选择【500×500mm】规格的矩形柱，并取消勾选【随轴网移动】复选框和【房间边界】复选框，如图 2-20 所示。

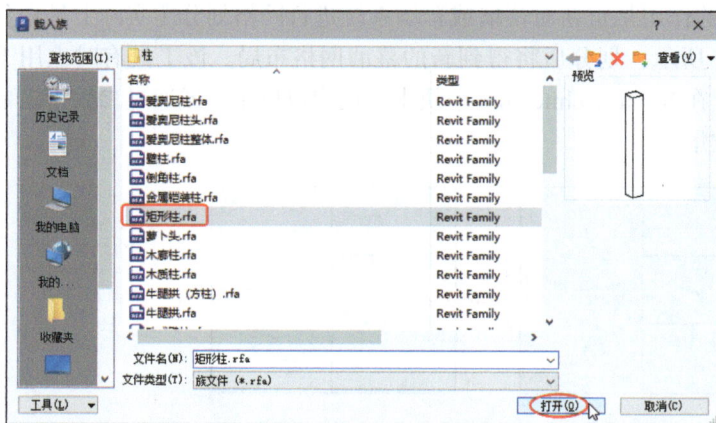

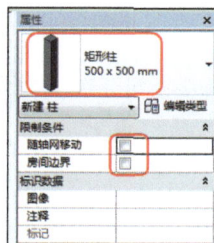

图 2-19　　　　　　　　　　　　　　　　　　　　图 2-20

5. 在【F1】楼层平面视图的轴线交点（在②号轴线与复合墙最外层边线的相交点）上放置建筑柱，如图 2-21 所示。

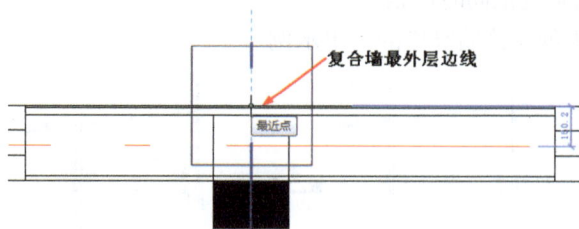

图 2-21

6. 放置建筑柱后，建筑柱与复合墙自动融合，如图 2-22 所示。

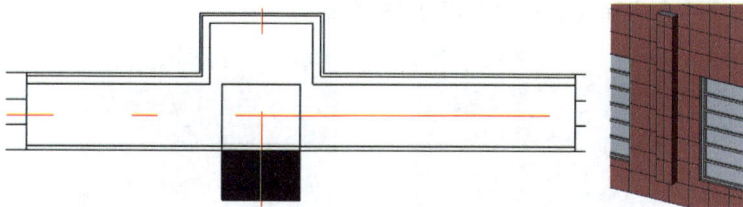

图 2-22

7. 同理，分别在①号、③~⑤号轴线上添加其余建筑柱，如图 2-23 所示。

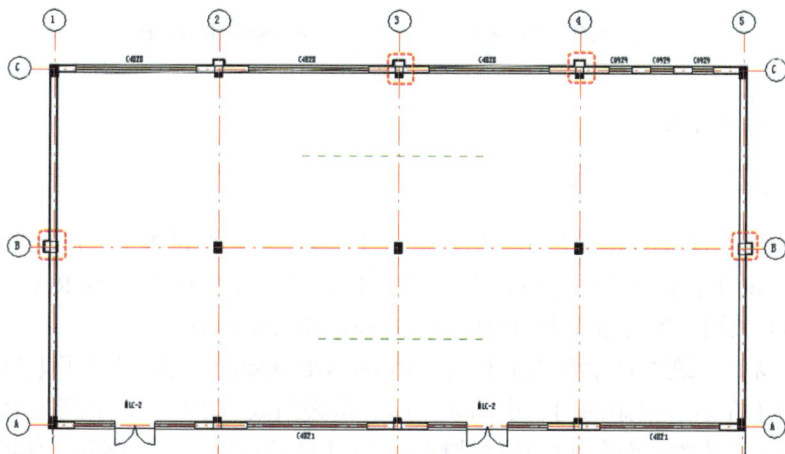

图 2-23

8. 切换到三维视图，选中一根建筑柱并右击，在弹出的快捷菜单中选择【选择全部实例】/【在整个项目中】命令，在【属性】选项板中设置【底部标高】为【室外地坪】、【顶部偏移】为【2100.0】，如图 2-24 所示，单击【属性】选项板底部的【应用】按钮应用属性设置。

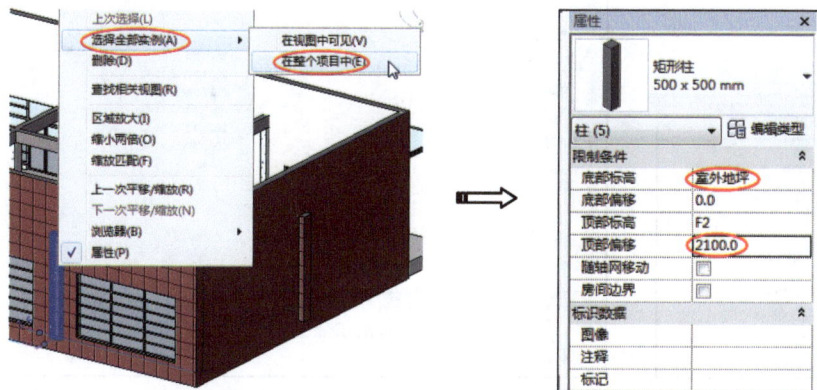

图 2-24

编辑前后的建筑柱效果对比如图 2-25 所示。

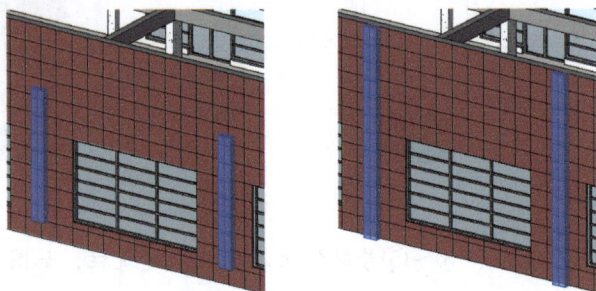

（a）编辑前的建筑柱　　　　　　　　（b）编辑后的建筑柱

图 2-25

9．保存项目文件。

2.1.5　建筑门、窗设计

在 Revit Architecture 模块中，门、窗、柱、梁、室内摆设等均为建筑构件。用户可以在 Revit 中直接创建体量族，也可以加载已经建立的构件族。在 Revit 中设计门窗，实质是将门、窗等族库中的构件族自适应地插入墙体中。

门、窗是建筑设计中常用的构件。Revit Architecture 模块提供了【门】、【窗】工具，用于在项目中添加门、窗图元。门、窗必须放置于墙、屋顶等主体图元上，这种依赖于主体图元而存在的构件被称为基于主体的构件。如果删除主体图元，门、窗也将随之被删除。

一、门设计

Revit Architecture 模块中自带的门族类型较少，如图 2-26 所示。用户可以利用【载入族】工具将自己制作的门族载入当前 Revit Architecture 环境中，如图 2-27 所示；或者通过广联达的"构件坞"族库，将需要的门族载入当前项目中并进行放置。

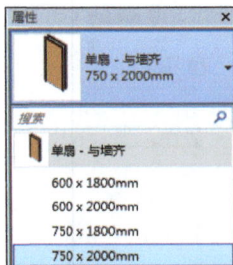

图 2-26

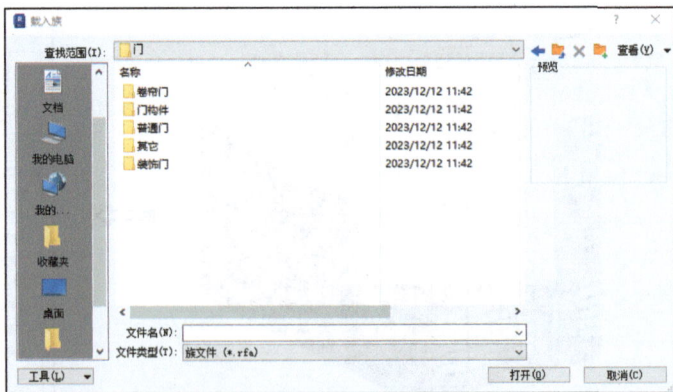

图 2-27

【例 2-2】添加与修改门。

1. 打开本例源文件"别墅-1.rvt",如图 2-28 所示。

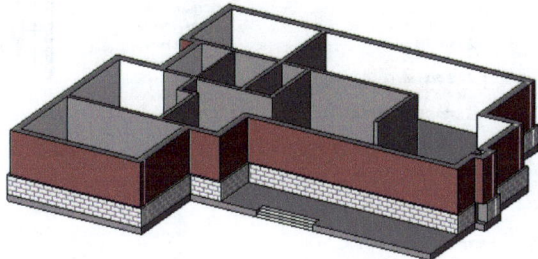

图 2-28

2. 在别墅建筑的第一层砖墙上添加大门和室内房间的门。在【项目浏览器】选项板中切换到【一层平面】楼层平面视图。

3. 由于 Revit Architecture 模块中的门族类型仅有一个,不适合用作大门,因此在放置门时需要载入门族。单击【建筑】选项卡的【构建】面板中的【门】按钮,切换到【修改 | 放置 门】上下文选项卡,如图 2-29 所示。

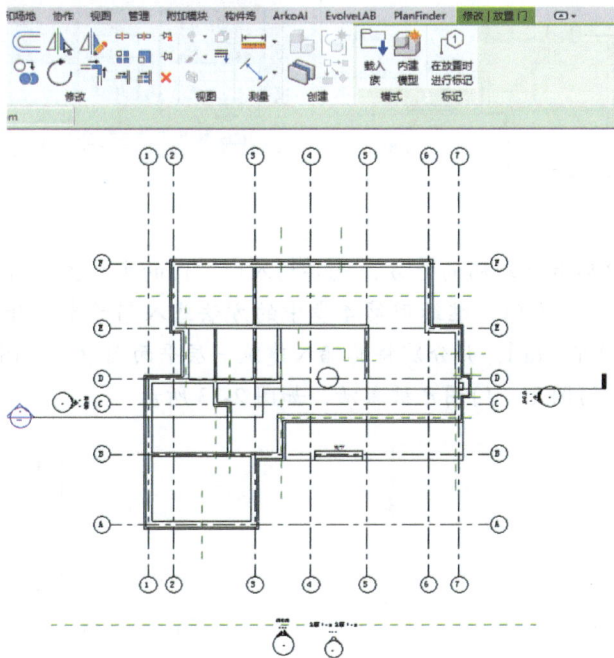

图 2-29

4. 单击【修改 | 放置 门】上下文选项卡的【模式】面板中的【载入族】按钮,在弹出的【载入族】对话框中,从本例源文件夹中载入【双扇玻璃木格子门 .rfa】门族,如图 2-30 所示。

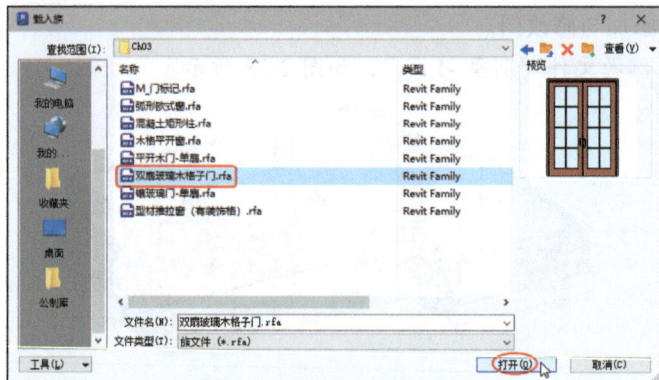

图 2-30

5. Revit 自动将载入的门族作为当前要插入的族类型，此时可将门图元插入建筑模型中有石梯的位置，如图 2-31 所示。

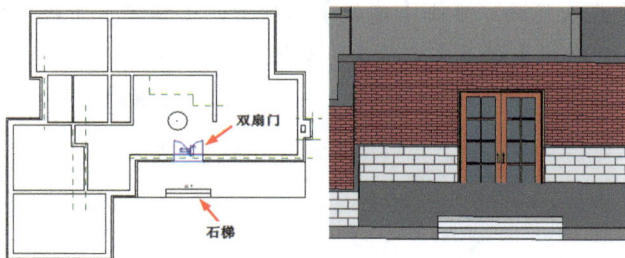

图 2-31

6. 在建筑内部有隔断墙的地方，也要插入门。门的类型主要有两种：一种是卫生间门，另一种是卧室门。继续用第 4 步中的方法载入门族【平开木门 - 单扇 .rfa】和【镶玻璃门 - 单扇 .rfa】，并分别将其插入建筑一层平面图中，如图 2-32 所示。

7. 选中一个门图元，门图元被激活，如图 2-33 所示。

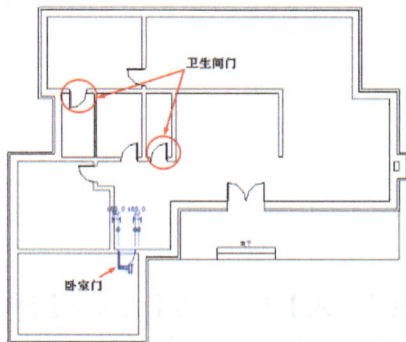

图 2-32

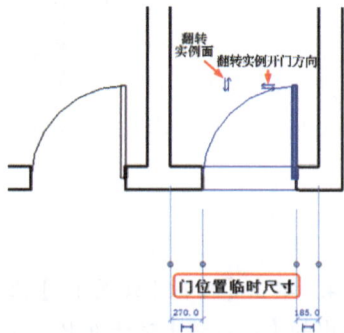

图 2-33

8. 在视图中单击【翻转实例面】符号 ⇕，可以翻转门（改变门的朝向），如图 2-34 所示。

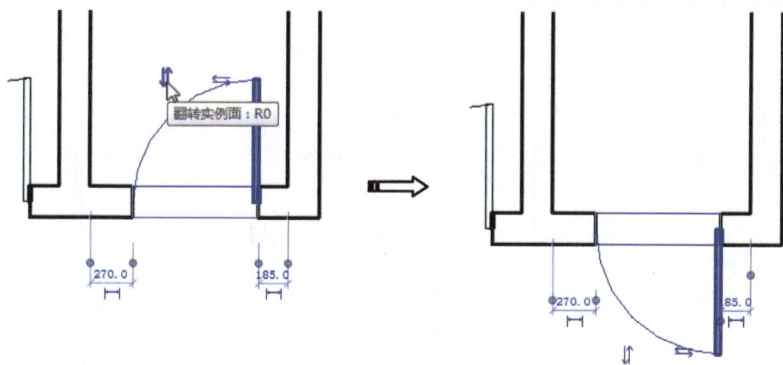

图 2-34

9. 在视图中单击【翻转实例开门方向】符号 ⇆，可以改变开门方向，如图 2-35 所示。

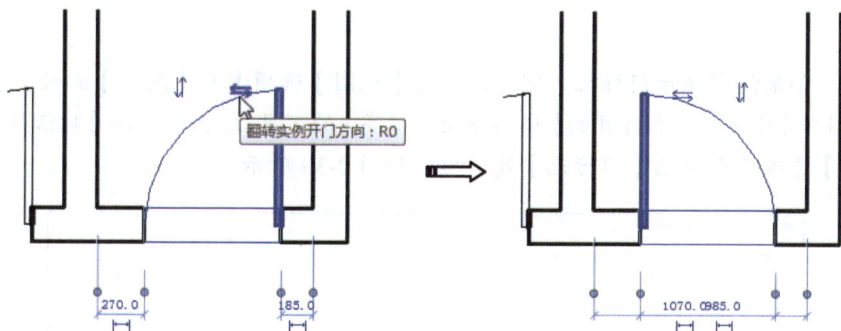

图 2-35

10. 我们需要改变门到墙的距离，一般情况下，门到墙边的距离是一块砖的宽度，也就是 120mm，因此更改临时尺寸以改变门到墙的距离，如图 2-36 所示。

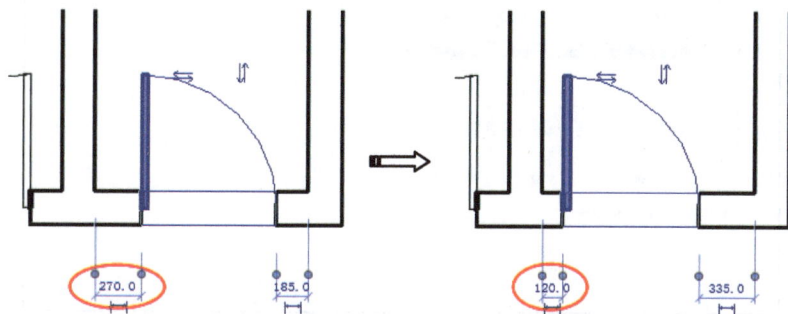

图 2-36

11. 同理，完成其余门图元的修改。最终结果如图 2-37 所示。

12. 添加门后，通过【项目浏览器】选项板将【注释符号】族项目下的【M_ 门标记】添加到平面图中的门图元上，如图 2-38 所示。

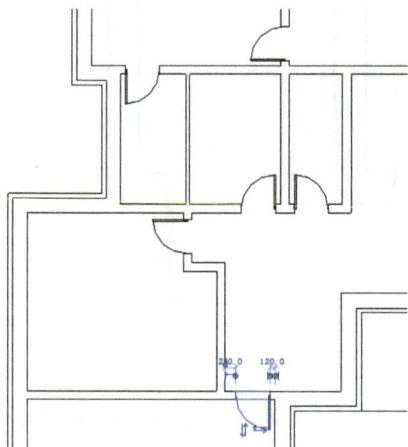

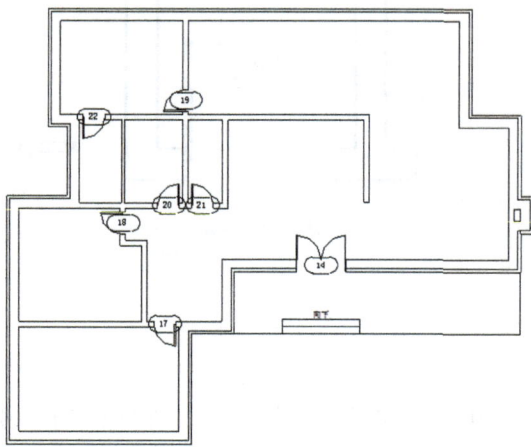

图 2-37　　　　　　　　　　　　　　　　图 2-38

13. 如果没有显示门标记，则可以单击【视图】选项卡的【图形】面板中的【可见性/图形】按钮，在打开的【楼层平面：标高 1 的可见性/图形替换】对话框的【注释类别】选项卡中勾选【门标记】复选框，如图 2-39 所示。

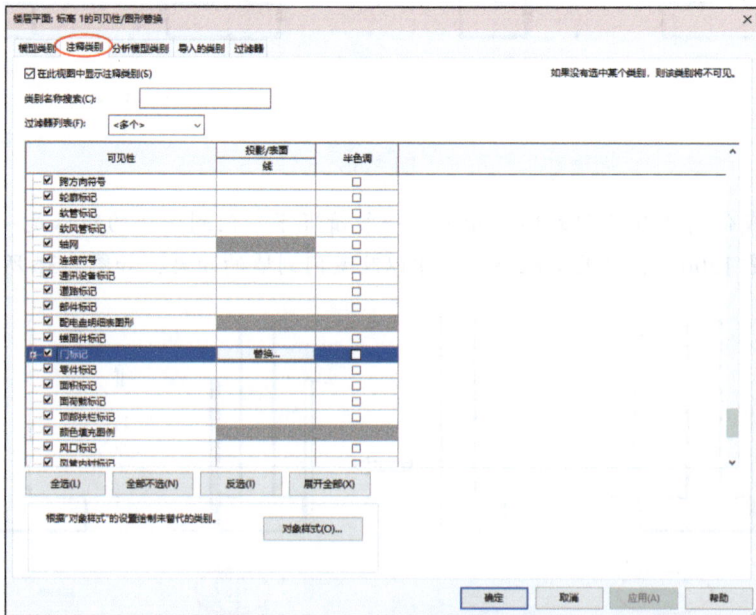

图 2-39

14. 还可以利用【修改|门】上下文选项卡的【修改】面板中的【修改】工具，对门图元进行对齐、复制、移动、阵列、镜像等操作。

二、窗设计

在建筑设计中，窗是不可缺少的。窗在带来空气流通的同时，也可以让明媚的阳光照射到房间中，因此窗的放置也很重要。

窗的插入和门相同，也需要事先加载与建筑匹配的窗族，其操作过程不赘述。

2.2　建筑楼地层设计

建筑物中的楼地层作为水平方向的承重构件，起着分隔、水平承重和水平支撑的作用。按照建筑楼层的组成，楼地层可分为地坪层、楼板、天花板和屋顶。

2.2.1　地坪层与楼板设计

一、地坪层设计

地坪层是基于 F1（第一层）的楼地层，也是室内层，有别于室外地坪。由于地坪层中不含钢筋，因此可用构建建筑楼板的工具进行创建。

下面以某职工食堂的地坪层构建为例，详解其操作过程。

【例 2-3】构建职工食堂的地坪层。

1. 打开本例源文件夹中的"职工食堂 .rvt"，如图 2-40 所示。切换视图为 F1 楼层平面视图。

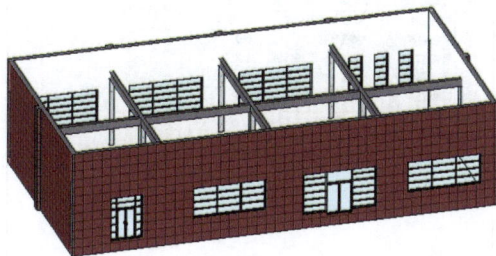

图 2-40

2. 在【建筑】选项卡的【构建】面板中单击【楼板：建筑】按钮，在【属性】选项板中选择【楼板：常规 -150mm】楼板类型，设置【标高】为"F1"，取消勾选【房间边界】复选框，如图 2-41 所示。

3. 单击【属性】选项板中的【编辑类型】按钮，打开【类型属性】对话框。复制现有类型并将其重命名为"室内地坪 -150mm"，如图 2-42 所示。

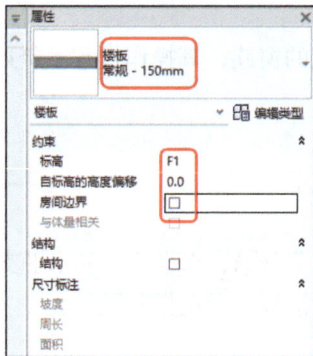

图 2-41

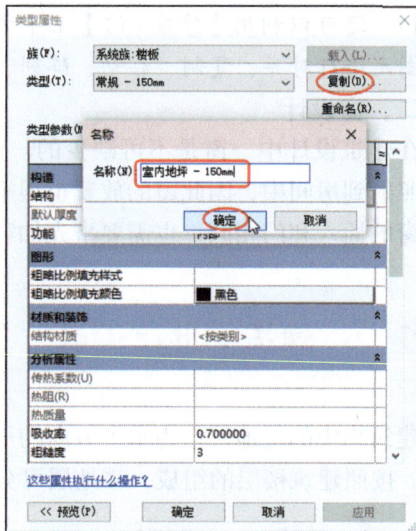

图 2-42

4. 单击【类型属性】对话框的类型参数列表中【结构】一栏的【编辑】按钮，打开【编辑部件】对话框。在此对话框中设置地坪层的相关层，并设置各层的材质和厚度，如图 2-43 所示，完成后单击【确定】按钮。

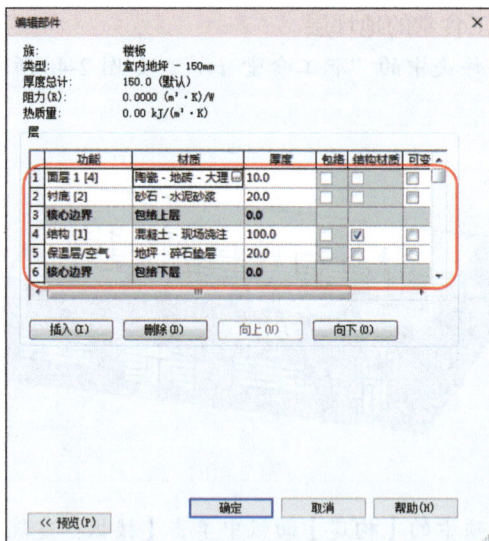

图 2-43

> ↘ **提示**：地坪层的相关层在原有材质基础上增加了保温层，也就是混凝土浇注前的碎石垫层。地坪层的总厚度不变。

5. 在视图中选择 4 面墙体来创建地坪层，如图 2-44 所示。

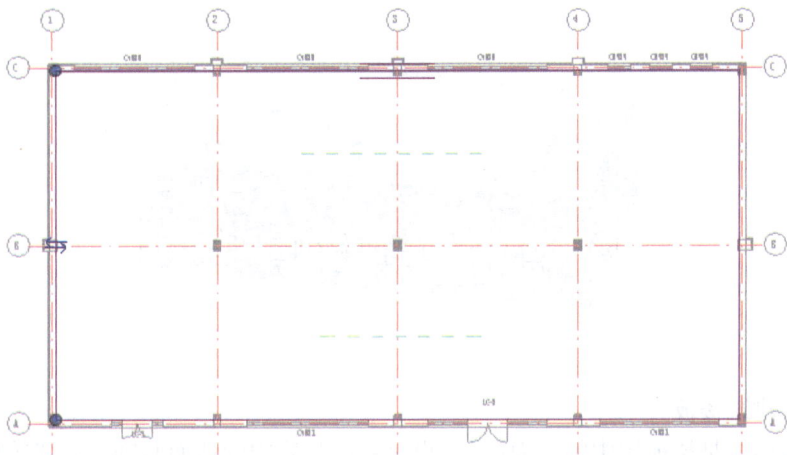

图 2-44

6. 单击【修改|创建楼层边界】上下文选项卡的【模式】面板中的【完成编辑模式】按钮 ✅，弹出【Revi】信息提示框，单击【否】按钮完成地坪层的构建，结果如图 2-45 所示。

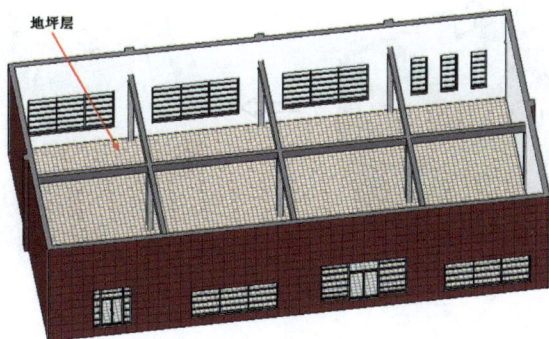

图 2-45

7. 保存项目文件。

二、楼板设计

Revit Architecture 模块中的楼板工具包括【结构楼板】、【建筑楼板】、【面楼板】和【楼板边】。下面介绍前 3 种工具的用法。

（1）结构楼板。

结构楼板的主要作用前面已经介绍。结构楼板与建筑楼板有一个明显的区别，即结构楼板是基于钢筋混凝土的构件，可以预制，也可现浇。

结构柱和结构梁设计完成后，就可以添加结构楼板了。结构楼板的创建方法与地坪层板的创建方法完全相同，仅仅是楼层标高不同而已。图 2-46 为创建结构楼板的示例。

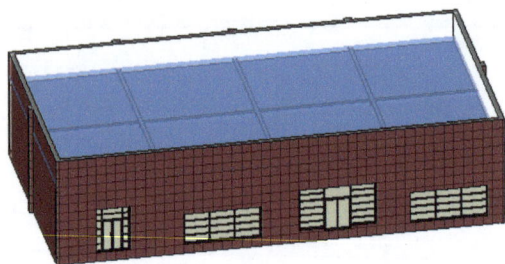

图 2-46

（2）建筑楼板。

建筑楼板是楼地层中的"面层"，也是室内装修中的地面装饰层。建筑楼板的构建方法与结构楼板是完全相同的。二者之间不同的是楼板构造，建筑楼板中没有混凝土层也没有钢筋，其结构层主要是砂、水泥混合物。

图 2-47 为在某别墅的结构楼板上创建建筑楼板的示例。

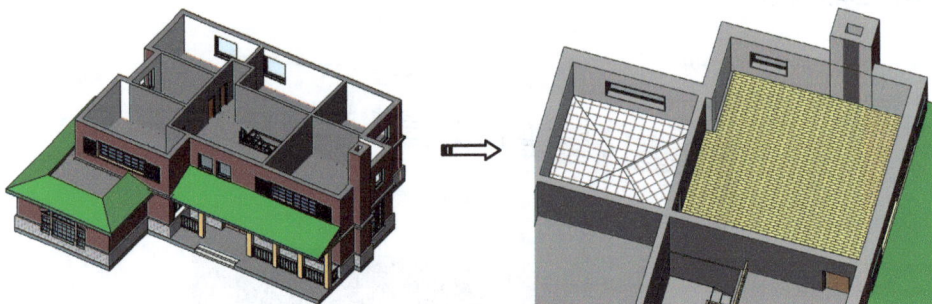

图 2-47

（3）面楼板。

利用【面楼板】工具可以将体量建筑中的楼层平面转换为楼板，如图 2-48 所示。

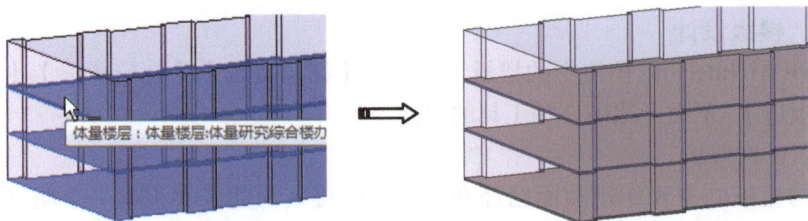

图 2-48

2.2.2　天花板设计

天花板是楼板层中的顶层，也叫顶棚层，紧贴于结构梁之下。天花板因材质不同，其厚度也会不同。例如，简装房的天花板是抹灰后刷漆，厚度为 20 ～ 30mm；吊顶装修的天花板，一般厚度为 70 ～ 100mm，有时会更厚。

图 2-49 为在建筑中创建天花板的示例。

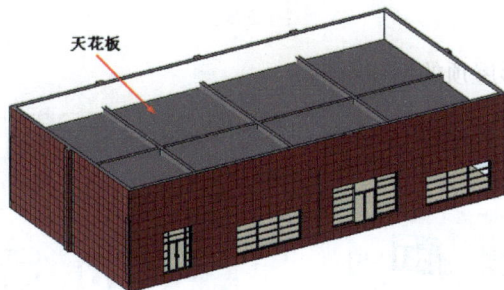

图 2-49

2.2.3　屋顶设计

不同的建筑结构和建筑样式，会有不同的屋顶结构，如别墅屋顶、农家小院屋顶、办公楼屋顶、迪士尼乐园屋顶等。

针对不同的屋顶结构，Revit 提供了不同的屋顶设计工具，包括【迹线屋顶】、【拉伸屋顶】、【面屋顶】、【房檐】工具等。

一、【迹线屋顶】工具

利用【迹线屋顶】工具可创建迹线屋顶，包括平屋顶和坡屋顶。平屋顶也称为平房屋顶，为了满足排水需求，整个屋面的坡度应大于 0 小于 10%。图 2-50 为平屋顶的创建示例。

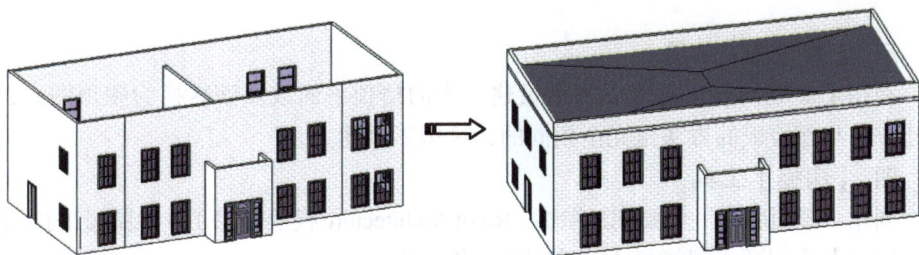

图 2-50

坡屋顶也是常见的一种屋顶结构，如别墅屋顶、人字形屋顶、六角亭屋顶等。图 2-51 为坡屋顶的创建示例。

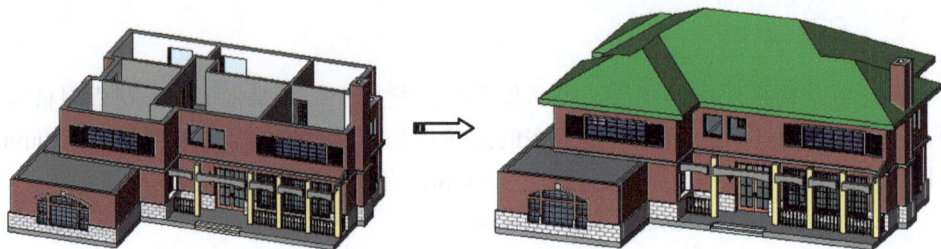

图 2-51

图 2-52 为人字形屋顶的创建示例。

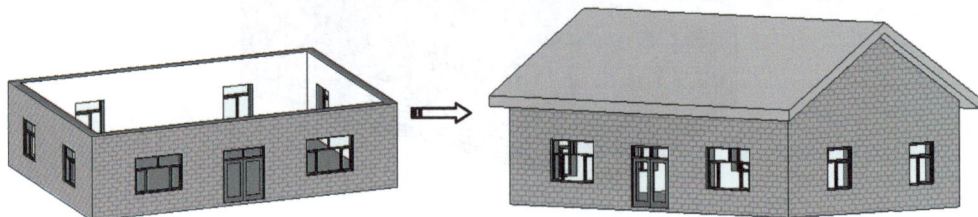

图 2-52

二、【拉伸屋顶】工具

【拉伸屋顶】工具是通过拉伸截面轮廓来创建简单的屋顶，如人字屋顶、斜面屋顶、曲面屋顶等。

图 2-53 为利用【拉伸屋顶】工具创建人字形屋顶的示例。

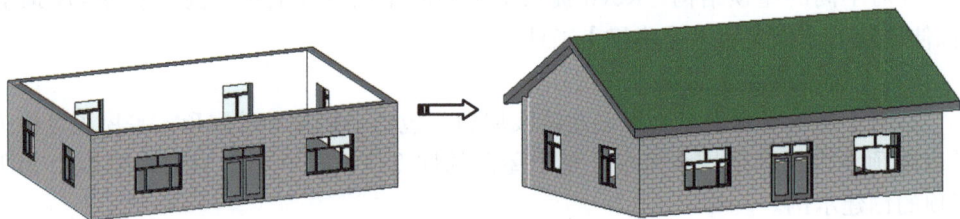

图 2-53

三、【面屋顶】工具

利用【面屋顶】工具可以将体量建筑中的楼顶平面或曲面转换为屋顶图元，其创建方法与面楼板的方法是完全相同的，这里不赘述。

四、【房檐】工具

创建了屋顶后，一般要创建屋檐。Revit Architecture 模块提供了 3 种屋檐工具：【屋檐：底板】、【屋顶：封檐板】和【屋顶：檐槽】。

（1）【屋檐：底板】工具。

【屋檐：底板】工具用于创建迹线屋顶底边的底板，底板是水平的，无坡度，如图 2-54 所示。

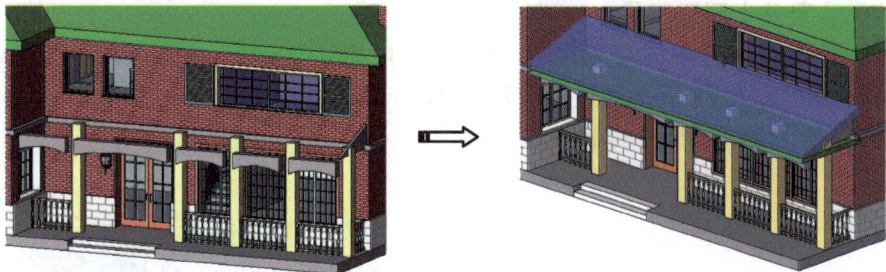

图 2-54

（2）【屋顶：封檐板】工具。

对于屋顶材质为瓦的屋顶，需要做封檐板，其作用是支撑瓦和使屋顶更美观。图 2-55 为创建封檐板的示例。

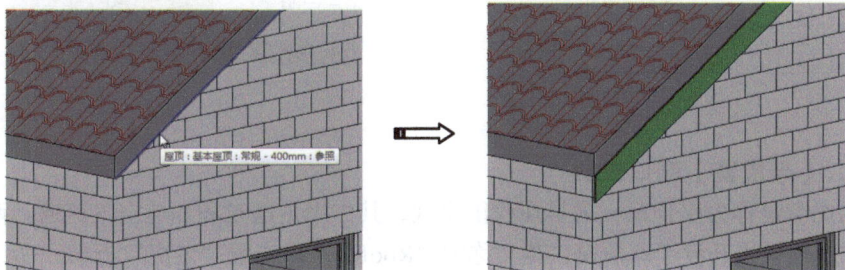

图 2-55

（3）【屋顶：檐槽】工具。

檐槽是用来排水的建筑构件，在农村的建房中应用较广。图 2-56 所示为在屋檐下添加檐槽的效果。

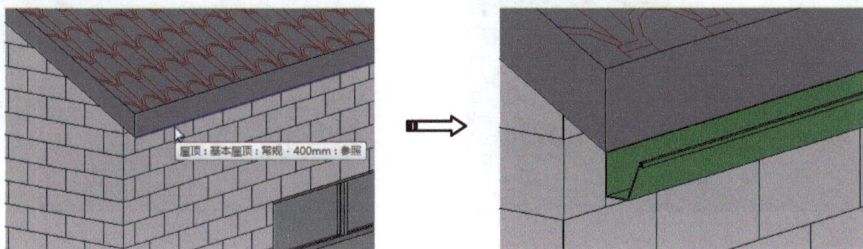

图 2-56

2.2.4　洞口设计

在 Revit 中，不但可以通过编辑楼板、屋顶、墙体的轮廓来创建洞口，而且有专门的洞口工具来创建面洞口、垂直洞口、竖井洞口、老虎窗洞口等，这些洞口工具在图 2-57 所示的【洞口】面板中。此外，对于异形洞口的创建，可以通过创建内建族的空心形式，应用剪切几何形体命令来实现。

一、【竖井】洞口工具

建筑物中有各种各样常见的井，如天井、电梯井、楼梯井、通风井、管道井等。这类结构的井，在 Revit 中通过【竖井】洞口工具来创建。

图 2-58 为创建楼梯井的示例。

图 2-57

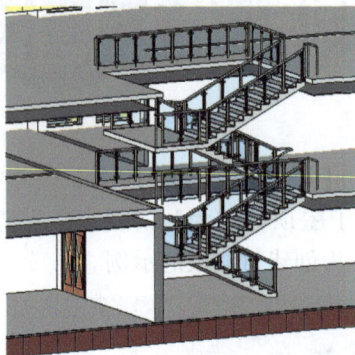

图 2-58

二、【老虎窗】洞口工具

老虎窗也称为屋顶窗，最早在我国出现，其作用是透光和加速空气流通。西式风格建筑的顶楼也开设了屋顶窗，英文称为 "Roof"，译音跟 "老虎" 近似，所以有了 "老虎窗" 的称呼。

中式的老虎窗如图 2-59 所示，主要出现在我国农村地区的建筑中。西式的老虎窗出现在别墅之类的建筑中，如图 2-60 所示。

图 2-59

图 2-60

三、【按面】洞口工具

利用【按面】洞口工具可以创建与所选面法向垂直的洞口，如图 2-61 所示。其使用方法与【竖井】洞口工具相同。

四、【墙】洞口工具

利用【墙】洞口工具可以在墙体上创建洞口，如图 2-62 所示。不管是在常规墙（直线墙）还是曲面墙上创建洞口，其创建过程均相同。

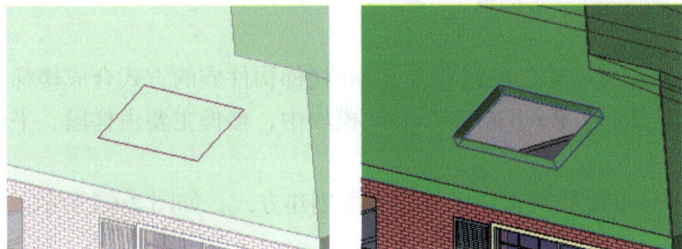

图 2-61

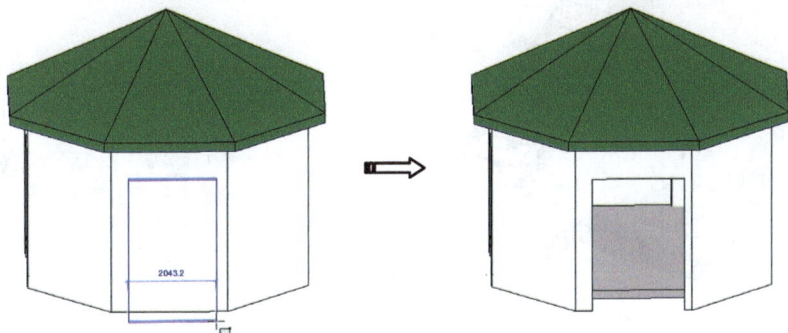

图 2-62

五、【垂直】洞口工具

【垂直】洞口工具也是用来创建屋顶天窗的工具。垂直洞口和按面洞口不同的是洞口的切口方向，垂直洞口的切口方向为楼层竖直方向，按面洞口的切口方向为面的法向。图 2-63 所示为【垂直】洞口工具在屋顶上开洞的应用。

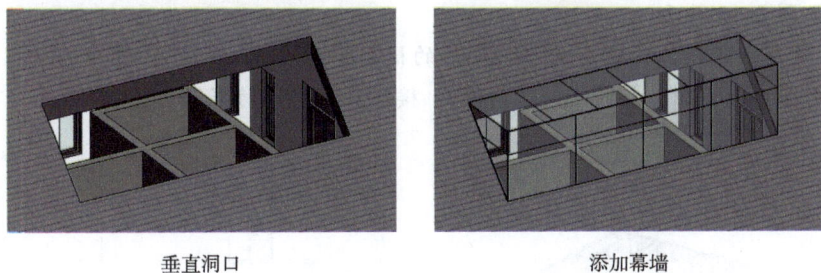

垂直洞口　　　　　　　　　　　　　　添加幕墙

图 2-63

■ 2.3 建筑楼梯与坡道设计

楼梯与坡道是建筑设计中连接垂直空间的核心构件，直接影响建筑的通行效率、安全性和无障碍体验。在 Revit 中，楼梯与坡道的创建方法涵盖参数化构件建模与自由草图设计两种。

2.3.1 按构件方式创建楼梯

按构件方式创建楼梯是通过载入 Revit 楼梯构件族的方式合成楼梯，该方式适合创建规则形状的楼梯。Revit Architecture 模块中，楼梯主要由梯段、平台和支座构件组成，如图 2-64 所示。

Revit Architecture 模块提供了 6 种梯段创建方式，如图 2-65 所示。

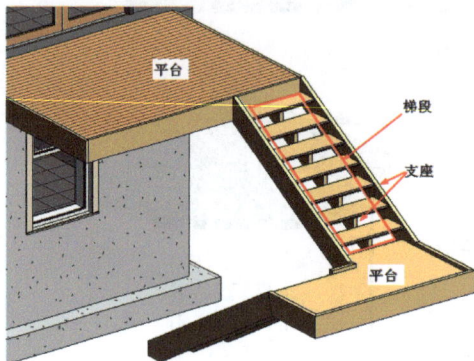

图 2-64

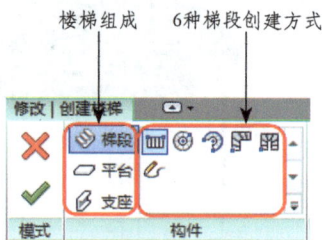

图 2-65

下面以第一种梯段创建方式为例介绍梯段的创建方法。

【例 2-4】创建室外直楼梯。

要按构件方式创建直楼梯，需要提前对楼梯进行设计，也就是要得到相关的设计参数。首先要看楼梯构件所提供的楼梯计算规则和相关参数，然后确定楼梯间的大小。

1. 打开本例源文件"别墅 -1.rvt"。本例中已经存在相关的楼梯构件，无须另外加载，如图 2-66 所示。

2. 首先通过西立面图查看整部楼梯的标高，如图 2-67 所示，图中的楼梯是假想效果。由图可以看出，楼梯是从"-1F-1"楼层到"1F"楼层。

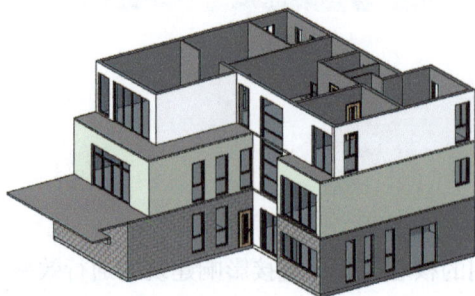

图 2-66

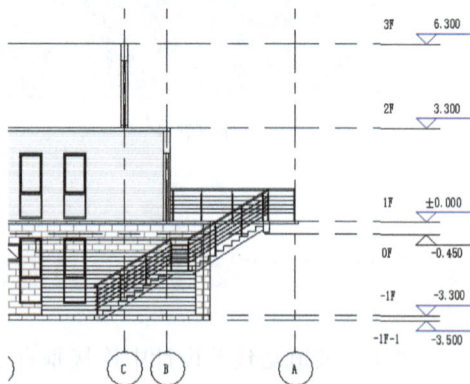

图 2-67

3. 由于建筑外的空间足够大，在不受空间影响的情况下，室外楼梯一般设计成直线式楼梯。当楼梯空间有局限性时，可设计成 U 形、螺旋形、L 形等其他形状。本例楼梯的标高为 3500mm，如果直接设计成没有平台的直线楼梯，会让人上楼时感觉到累，有一种走不完的感觉。因此在楼梯中间段要设计休息平台，这也是很多观光的楼梯每隔十多步就要设计休息平台的原因。构件楼梯的创建有两种方法，下面分别介绍。

4. 构件楼梯的第一种创建方法。切换视图至 1F 楼层平面视图，单击【楼梯】按钮，激活【修改|创建楼梯】上下文选项卡。

5. 在【属性】选项板中选择【现场浇注楼梯：室外楼梯】楼梯构件类型，设置限制条件中的几个重要参数，如图 2-68 所示。

6. 此时，【构件】面板中的【梯段】工具和【直梯】工具已被自动激活，在楼层平面视图中绘制图 2-69 所示的梯段。

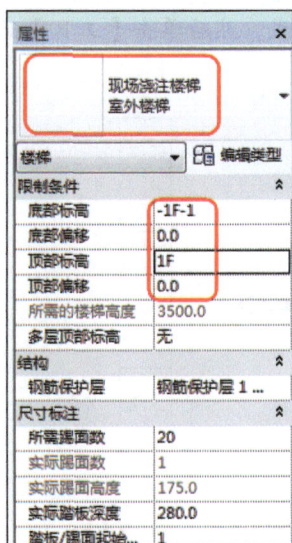

图 2-68

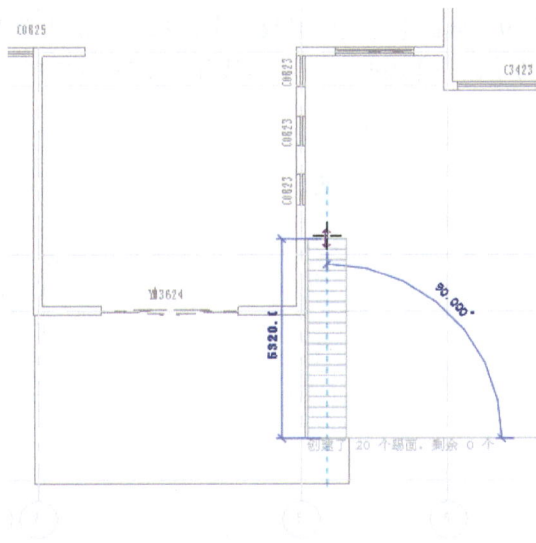

图 2-69

7. 在【修改|创建楼梯】上下文选项卡没有关闭的情况下，选中创建的梯段。然后在【工具】面板中单击【转换】按钮，将构件楼梯转换成可编辑草图的形式。再单击【编辑草图】按钮，进入草图编辑模式，如图 2-70 所示。

8. 对楼梯草图进行编辑边界线端点、移动踢面线、添加边界线和楼梯路径的操作，修改成图 2-71 所示的楼梯草图。

> ⬎ **提示**：楼梯的边界线和平台的边界线必须分隔，不能是一条完整线，否则生成栏杆的时候，平台栏杆会出现不平行的问题。

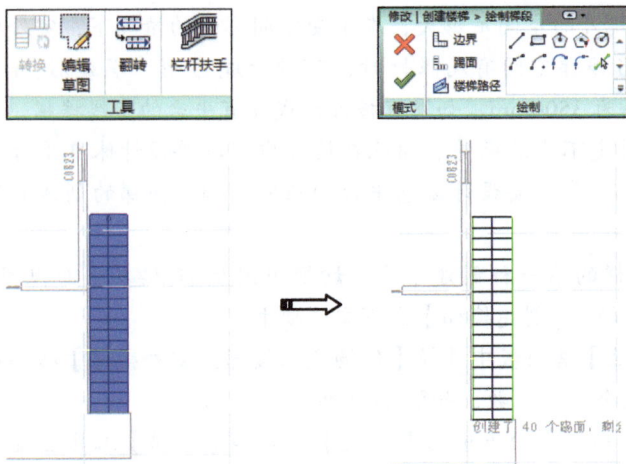

图 2-70

9. 单击【完成编辑模式】按钮✔，退出草图编辑模式。然后单击【工具】面板中的【翻转】按钮▦，翻转楼梯，如图 2-72 所示。

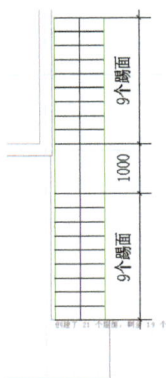

图 2-71

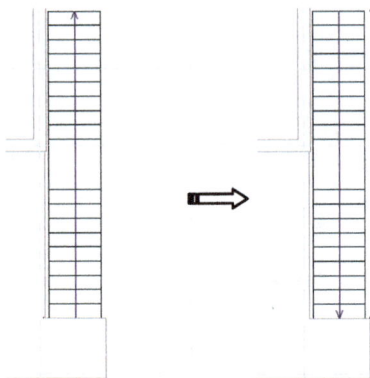

图 2-72

❯ **提示**：创建楼梯时默认的箭头方向表示上楼方向。

10. 单击【修改|创建楼梯】上下文选项卡中的【完成编辑模式】按钮✔，完成构件楼梯的创建和编辑，效果如图 2-73 所示。

11. 构件楼梯的第二种创建方法。从第一种创建方法中，我们可以得知一些楼梯参数，包括楼梯的步数为 20 步，每步高为 175mm，每步的踢面深度为 280mm，楼梯平台设计进深为 1000mm（楼梯平台实际上就是将某一步的"踢面深度"扩展）等信息。根据这些信息，首先利用【模型线】工具，在 1F 楼层平面视图中绘制参考线，如图 2-74 所示。

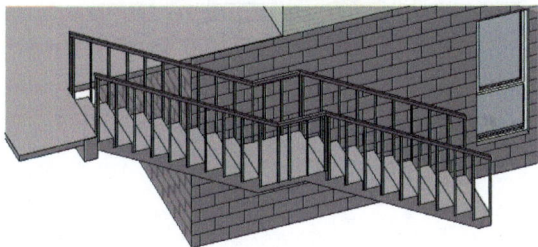

图 2-73

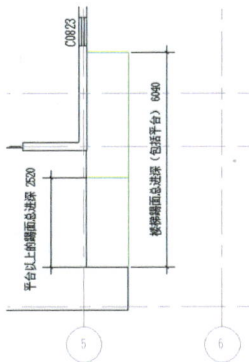

图 2-74

> ↘ **提示**：图 2-74 中的"6040"参数是由上半跑楼梯的 9 个踢面（总深度为 2520mm）+ 中间平台（由 1 个踢面 280mm 扩展为 1000mm）+ 下半跑楼梯 9 个踢面（总深度为 2520mm）组成。楼梯的踢面数总是比楼梯步数少 1。即设计 20 步楼梯，其踢面个数为 19 个。

12. 单击【楼梯】按钮 🖉，激活【修改|创建楼梯】上下文选项卡。

13. 在【属性】选项板中选择【现场浇注楼梯：室外楼梯】楼梯构件类型，设置限制条件中的几个重要参数，如图 2-75 所示。

14. 此时，【构件】面板中的【梯段】工具和【直梯】工具已被自动激活，在楼层平面视图中绘制图 2-76 所示的下半跑梯段。

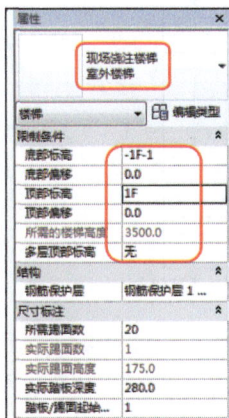

图 2-75

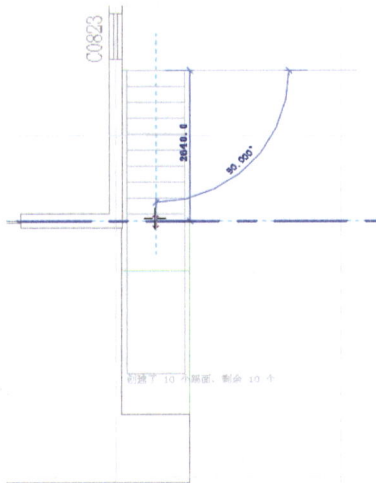

图 2-76

15. 捕捉模型线中点，向上竖直移动鼠标指针并设置移动距离为"0"，如图 2-77 所示。

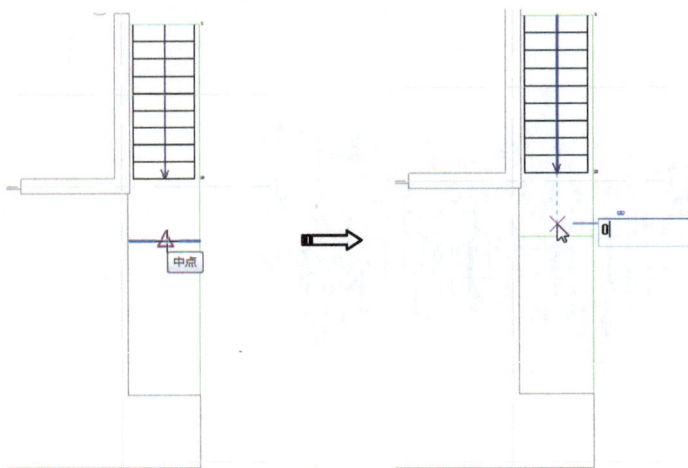

图 2-77

> ↘ **注意**：在绘制上半跑楼梯时，请勿选择模型线作为起始参考。原因在于，上半跑楼梯的起点标高应设定为 1750mm，而模型线是基于 1F 楼层平面绘制的，其标高与要求不符。此外，在创建自动平台的直线楼梯过程中，直接使用模型线可能导致设计出现偏差，因此需要特别留意。

16. 按 Enter 键后继续绘制上半跑的楼梯，如图 2-78 所示。

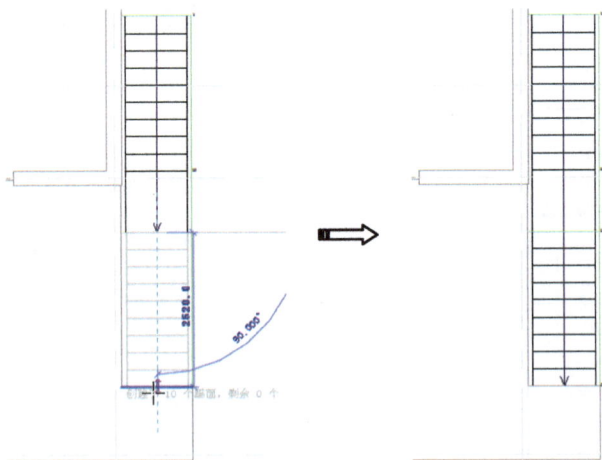

图 2-78

17. 单击【修改 | 创建楼梯】上下文选项卡中的【完成编辑模式】按钮✅，完成构件楼梯的创建，效果如图 2-79 所示。

18. 最后保存项目文件。

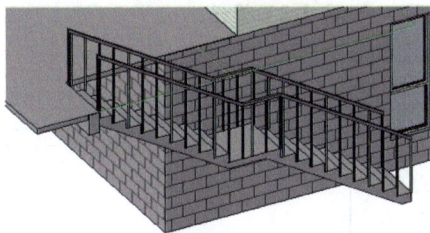

图 2-79

2.3.2 按草图方式创建楼梯

按草图方式创建楼梯与按构件方式创建楼梯相似，但前者创建楼梯的方法更为简单，仅创建楼梯梯段和平台，不再包括栏杆、平台和支座构件。

【例 2-5】按草图方式创建楼梯。

1. 打开本例源文件"郊区别墅 -1.rvt"。

2. 由于本例楼梯在室外创建，空间是足够的，所以我们尽量采用 Revit 自动计算规则，仅设置一些楼梯尺寸即可。

3. 切换视图为 North 立面视图，如图 2-80 所示。我们将在 TOF 标高至 Top of Foundation 标高之间设计楼梯。

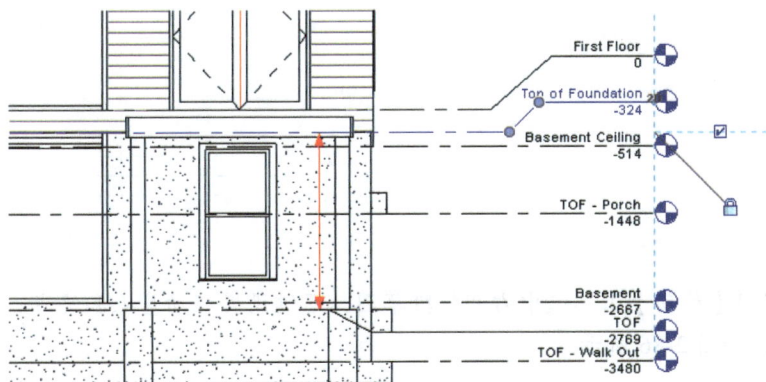

图 2-80

4. 切换到 Top of Foundation 平面视图，测量上层平台尺寸，如图 2-81 所示。

5. 由于外部空间较大，无须在中间平台上创建踏步，所以单跑踏步的宽度设计为 1200mm，踏板深度为 280mm，踢面高度由输入踢面数（14）确定。

6. 单击【楼梯（按草图）】按钮，激活【修改 | 创建楼梯草图】上下文选项卡。在【属性】选项板中设置图 2-82 所示的类型及限制条件。

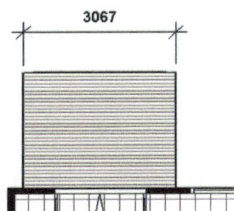

图 2-81

7. 然后绘制梯段草图，如图 2-83 所示。

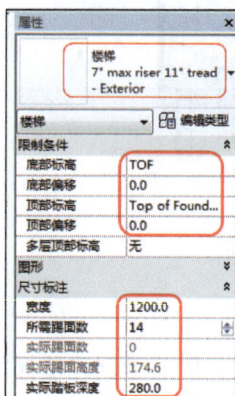

图 2-82

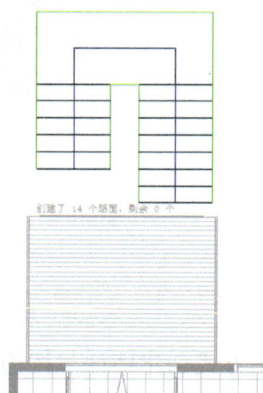

图 2-83

8. 利用移动、对齐等工具修改草图，如图 2-84 所示。切换视图为 TOF 视图，如图 2-85 所示。

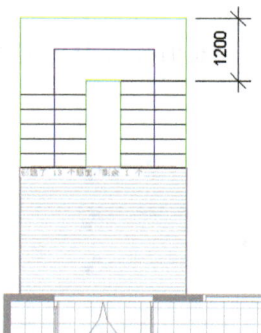

图 2-84

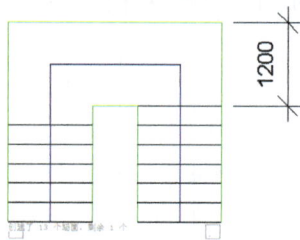

图 2-85

9. 利用【移动】工具选中右侧梯段草图，通过设置移动基点和终点，使其与柱子边对齐，如图 2-86 所示。

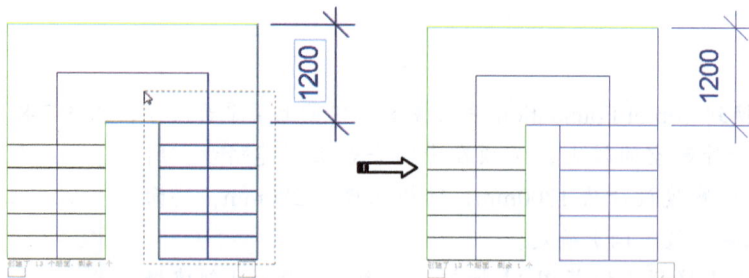

从右下角至左上角选中对象　　　　　　　　设置移动基点和终点

图 2-86

10. 切换视图为 Top of Foundation 视图。单击【边界】按钮，修改边界为圆弧，如图 2-87 所示。

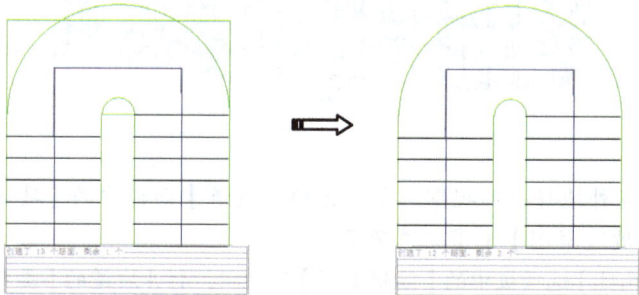

图 2-87

11. 最后单击【完成编辑模式】按钮，完成楼梯的创建，如图 2-88 所示。

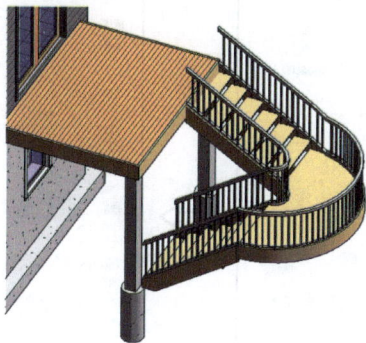

图 2-88

2.3.3 坡道设计

坡道以连续的平面来实现高差过渡，人行其上与在地面上行走具有相似性。较小坡度的坡道行走省力，坡度大时则不如台阶或楼梯舒服。按理论划分，坡度≤17.6%（对应 10° 以下）为坡道，工程设计上另有具体的规范要求。如室外坡道坡度不宜大于 10%（1:10），对应坡度百分比为 10%。而室内坡道或车行通道，其坡度不宜大于 12.5%（1:8），否则人行走会有显著的爬坡或下冲感觉，非常不适。相比较而言，踏步高为 120mm、踢面深度为 400mm 的台阶，对应坡度为 30%，人行走却有轻缓之感。因此，不能机械地套用规范。

Revit 中的【坡道】工具是为建筑添加坡道的，坡道的创建方法与创建楼梯相似。我们可以定义直坡道、L 形坡道、U 形坡道和螺旋坡道，还可以通过修改草图来更改坡道的外边界。

【例 2-6】教学综合楼大门外的坡道设计。

1. 打开本例源文件"教学综合楼 .rvt"，如图 2-89 所示。

图 2-89

2. 切换到室外地坪平面视图。单击【楼梯坡道】面板中的【坡道】按钮，激活【修改 | 创建坡道草图】上下文选项卡。

3. 单击【属性】选项板中的【编辑类型】按钮，打开坡道的【类型属性】对话框，复制族类型并重命名为"教学综合楼：室外"，设置列表中的类型参数，如图 2-90 所示。

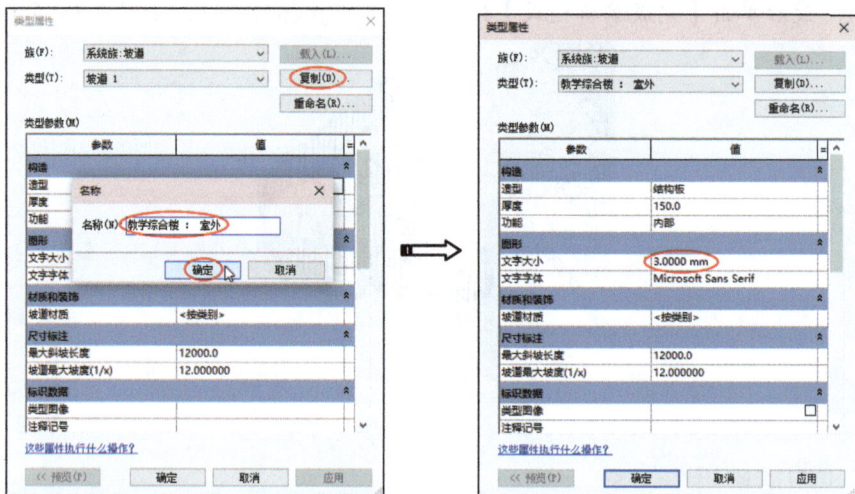

图 2-90

4. 在【属性】选项板中，设置限制条件中的【顶部偏移】为 −20.0，尺寸标注中的【宽度】为 4000.0，如图 2-91 所示，单击【应用】按钮。

5. 单击【工具】面板中的【栏杆扶手】按钮，在【栏杆扶手】对话框中选择下拉列表中的【欧式石栏杆 1】类型，如图 2-92 所示。

6. 利用【绘制】面板中的【边界】工具或【踢面】工具，绘制直线作为参考，如图 2-93 所示。

7. 再利用【梯段】中的【圆心、端点弧】工具，以参考线末端点作为圆心，以参考线作为半径绘制一段圆弧，如图 2-94 所示。

> ↘ **提示**：弧长起点可以按要求来确定，当然最好到现场勘察，以获得创建坡道的最大布局空间。

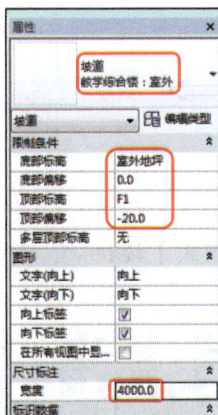

图 2-91

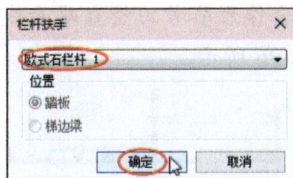

图 2-92

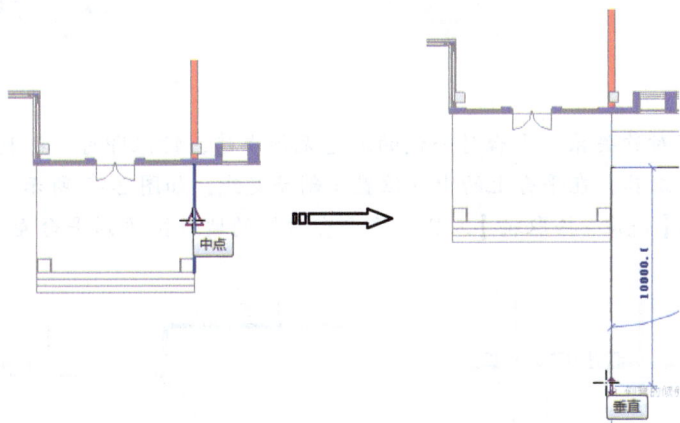

图 2-93

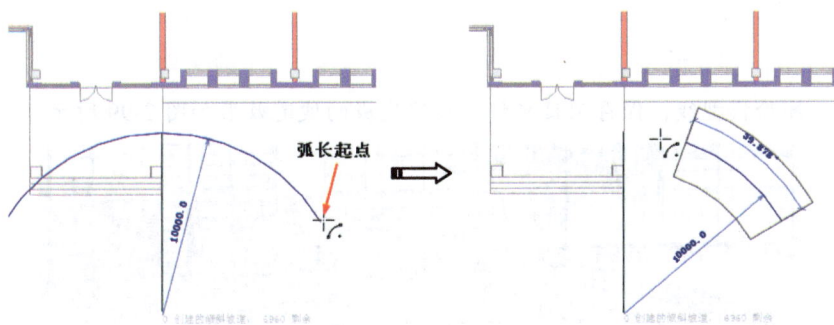

图 2-94

8. 利用【对齐】工具，将左侧踢面线与大门平台右侧边对齐，如图 2-95 所示。

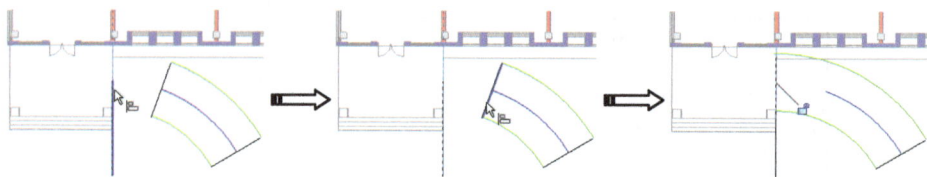

图 2-95

9. 删除作为参考的竖直踢面线。单击【完成编辑模式】按钮✅，完成坡道的创建，如图 2-96 所示。

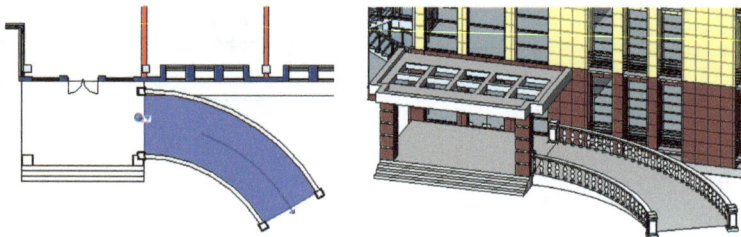

图 2-96

10. 因有对称关系，平台另一侧的坡道无须重建，镜像即可。先利用【模型线】中的【直线】工具，在平台上的中点位置绘制竖直线，如图 2-97 所示。

11. 利用【镜像 - 拾取轴】工具，将平台右侧的坡道镜像到平台左侧，如图 2-98 所示。

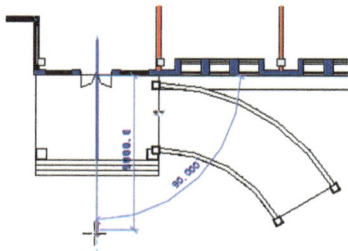

图 2-97

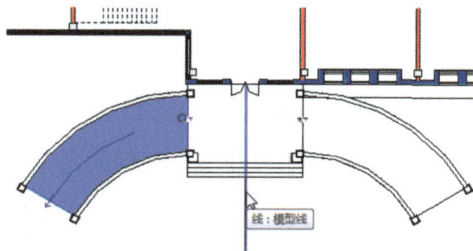

图 2-98

12. 删除模型线，保存项目文件。最终完成的坡道效果如图 2-99 所示。

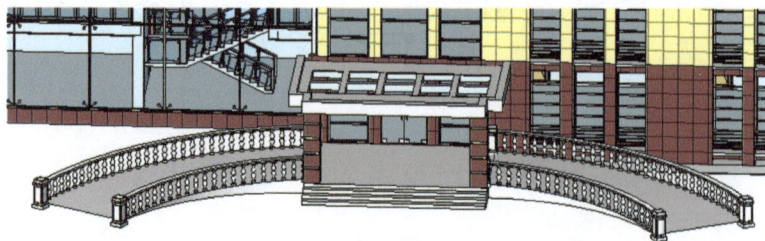

图 2-99

第 3 章 Revit 建筑结构设计

Revit 中的结构设计包括钢筋混凝土结构设计和钢结构设计，本章仅介绍钢筋混凝土结构设计。

■ 3.1 建筑的结构设计概述

建筑结构可以被视为房屋建筑的骨架，它由多个基本构件通过特定的连接方式组合而成。这种结构不仅能够形成一个整体，还能安全可靠地承受和传递各种荷载以及间接作用。

> ↘ **提示**：此处的"作用"是指能使结构或构件产生效应（内力、变形、裂缝等）的各种原因的总称。作用可分为直接作用和间接作用。

3.1.1 建筑的结构类型

在房屋建筑中，组成结构的构件有板、梁、屋架、柱、墙、基础等。建筑结构按不同标准可划分为不同的类型。

一、按体型划分

按体型划分，建筑结构包括单层结构、多层结构（一般为 2 ～ 7 层）、高层结构（一般为 8 层及以上）、大跨度结构（跨度为 40 ～ 50m）等类型，如图 3-1 所示。

（a）单层结构

（b）多层结构

（c）高层结构

（c）大跨度结构

图 3-1

二、按建筑材料划分

按建筑材料划分，建筑结构包括钢筋混凝土结构、钢结构、砌体结构、木结构、塑料结构等类型，如图 3-2 所示。

（a）钢筋混凝土结构　　　　　（b）钢结构　　　　　　（c）砌体结构

（d）木结构　　　　　　　　（e）塑料结构

图 3-2

三、按结构形式划分

按结构形式划分，建筑结构包括墙体结构、框架结构、深梁结构、筒体结构、拱结构、网架结构、空间薄壁结构（包括折板）、钢索结构等类型，如图 3-3 所示。

（a）墙体结构　　　　　　（b）框架结构　　　　　　（c）深梁结构

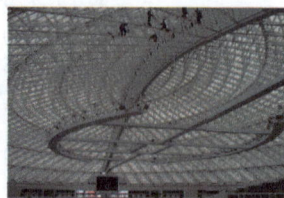

（d）筒体结构　　　　　　（e）拱结构　　　　　　（f）网架结构

图 3-3

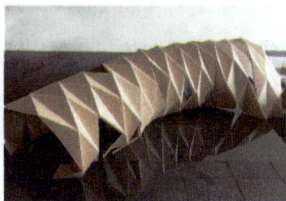

（g）空间薄壁结构（包括折板）　　　　　（h）钢索结构

图 3-3（续）

3.1.2　结构柱、结构梁及现浇楼板的构造要求

结构柱、结构梁及现浇楼板的构造要求如下。

（1）异形柱框架的构造按《混凝土异形柱结构构造》（20G331-1）施工，梁钢筋锚入柱内的构造按《混凝土结构施工图平面整体表示方法制图规则和构造详图》（22G101）施工。

（2）悬挑梁配筋构造按《混凝土结构施工图平面整体表示方法制图规则和构造详图》（22G101-1）施工，梁端锚固长度需满足以下要求。

- 非抗震设计：直锚长度 ≥ 0.4La，不足时弯锚 15d。
- 抗震设计：直锚长度 ≥ 0.4LaE，不足时弯锚 12d。

（3）现浇板内未注明的分布筋：板厚 ≤ 150mm 时为 $\phi6@200$，板厚 > 150mm 时为 $\phi8@200$（新增板厚区分）。

（4）结构平面图中板负筋长度为梁、柱边至钢筋端部的净长度，下料时无须额外加梁宽。

（5）双向板中长向钢筋应放在外层，短向钢筋放在内层，以避免施工踩压。

（6）楼板开孔：当洞口边长 ≥ 300mm 时（修正自"300mm ≤ 边长 < 1000mm"），应设钢筋加固（每侧 ≥ $2\phi12$，伸入板内 ≥ La），如图 3-4 所示；当边长小于 300mm 时可不加固，板筋应绕孔边通过。

（7）屋面检修孔在孔壁图中未单独画出时，按图 3-5 所示进行施工。

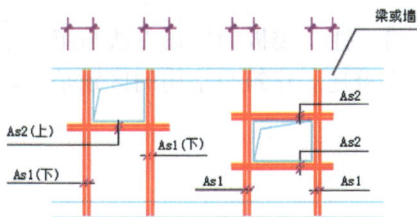

图 3-4

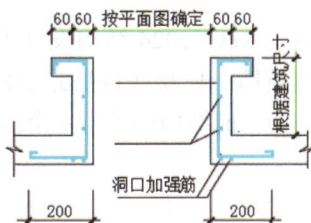

图 3-5

（8）在现浇板内埋设机电暗管时，管外径不得大于板厚的 1/3 且 ≤ 40mm（新增上限），暗管应位于板的中部。交叉管线处增设钢丝网片（网格 ≤ 200mm），管壁至

板上下边缘净距 ≥ 25mm。

（9）在现浇楼板施工时应采取措施确保负筋的有效高度，严禁踩压负筋；混凝土应振捣密实并加强养护，覆盖保湿养护时间不少于 14 天；在浇筑楼板时如需留缝应按施工缝的要求设置，防止楼板开裂。楼板和墙体上的预留孔、预埋件应按照图纸要求预留、预埋；在安装完毕后孔洞应封堵密实，防止渗漏。

（10）钢筋混凝土构造柱按《砌体填充墙结构构造》（22G614-1）施工，构造柱纵筋应预埋在梁内并外伸 600mm（原 500mm），如图 3-6 所示。

（11）现浇板的底筋和支座负筋伸入支座的锚固长度应按图 3-7 所示进行施工。

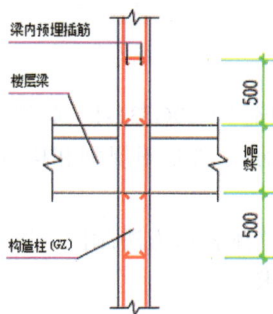

图 3-6

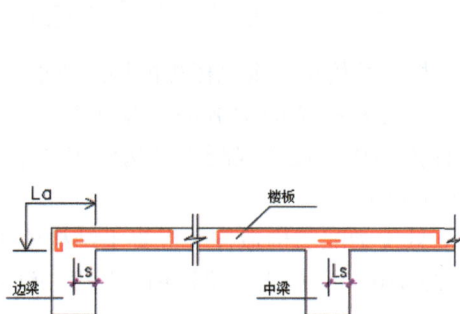

图 3-7

（12）构造柱的混凝土浇筑，柱顶与梁底交界处预留空隙 30mm，空隙用 C20 细石混凝土（替代原 M5 水泥砂浆）填充密实。

3.1.3　Revit 2024 结构设计工具

Revit 2024 的结构设计工具在【结构】选项卡中，如图 3-8 所示。结构设计工具主要用于进行钢筋混凝土结构设计和钢结构设计。本章着重讲解钢筋混凝土结构设计。

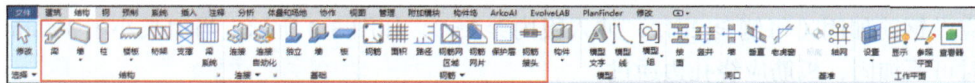

图 3-8

鉴于 Revit 2024 结构设计工具中的梁、墙、柱及楼板的创建方法与第 2 章中介绍的建筑墙、柱及楼板是完全相同的，这里不赘述。建筑与结构的区别是，建筑中不含钢筋，而结构中的每一个构件都含钢筋。

3.2　结构基础设计

结构基础设计也被称为地下层结构设计，包含地下层桩基（柱部分）、地下层桩基（基础部分）、梁和板设计，以及结构墙设计。

3.2.1 地下层桩基（柱部分）设计

由桩和连接桩顶的桩承台（简称承台）组成的深基础或由柱与基础连接的单桩基础，称为桩基。若桩身全部埋于土中，承台底面与土体接触，则称为低承台桩基；若桩身上部露出地面而承台底面位于地面以上，则称为高承台桩基。建筑桩基通常为低承台桩基。在高层建筑中，桩基应用广泛。

【例 3-1】创建基础结构柱。

1. 启动 Revit 2024，在主页界面的【项目】选项组中选择【结构样板】选项，新建一个结构样板文件，然后进入 Revit 中。

2. 建立整个建筑的结构标高。在【项目浏览器】选项板的【立面】视图节点下选择一个建筑立面，进入立面图中。创建本例别墅的建筑结构标高，如图 3-9 所示。

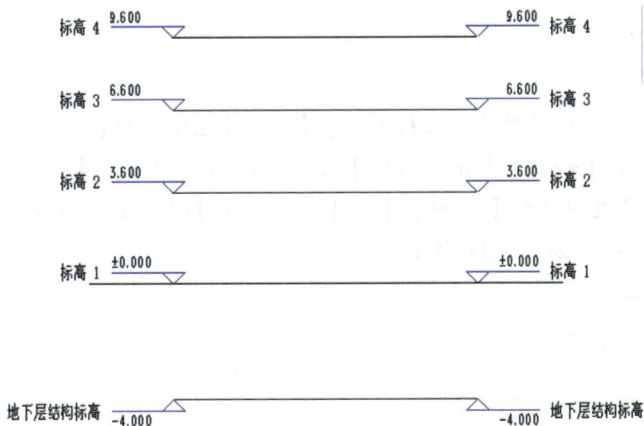

图 3-9

> ↘ **提示**：结构标高中除没有【场地标高】外，其余标高与建筑标高是相同的，也是共用的。

3. 在【项目浏览器】选项板的【结构平面】视图节点中，选择【地下层结构标高】视图作为当前轴网的绘制平面。所绘制的轴网用于确定地下层基础顶部的结构柱、结构梁的放置位置。

4. 在【结构】选项卡的【基准】面板中单击【轴网】按钮，在【标高 1】中绘制图 3-10 所示的轴网。

> ↘ **提示**：左右水平轴线的轴号本应是相同的，只不过在绘制轴线时是分开建立的，由于轴号不能重复，因此右侧的轴号暂时用 A1、B1 等替代 A、B 等编号。

5. 地下层的框架结构柱类型共有 10 种，其截面编号分别为 KZa、KZ1a、KZ1 ～ KZ8，截面形状包括 L 形、T 形、十字形和矩形。首先插入 L 形的 KZ1a 框架柱族。

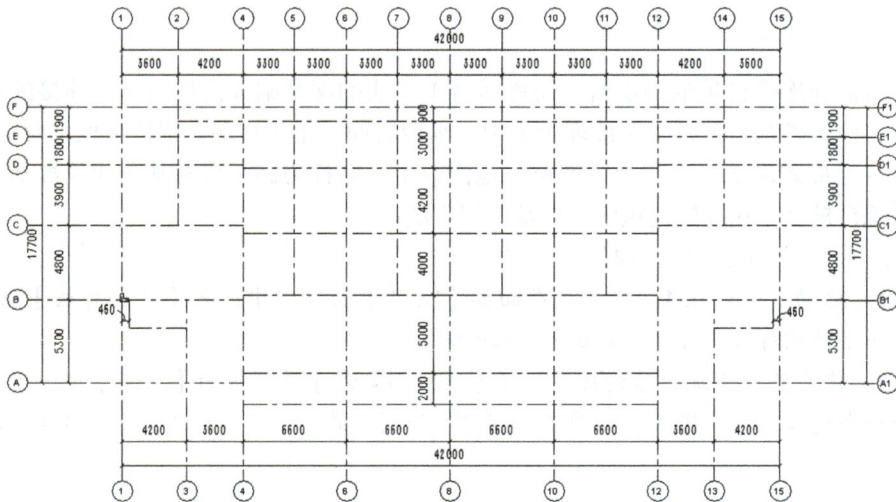

图 3-10

6. 切换到【标高 1】结构平面视图。在【结构】选项卡的【结构】面板中单击【柱】按钮，在打开的【修改|放置结构柱】上下文选项卡中单击【载入族】按钮，从 Revit 的族库文件夹中找到【结构】/【柱】/【混凝土】/【混凝土柱 -L 形 .rfa】族文件，单击【打开】按钮，如图 3-11 所示，打开族文件。

图 3-11

7. 将 L 形的 KZ1 结构柱族依次插入轴网中，插入时在选项栏中选择【深度】和【地下层结构标高】选项，如图 3-12 所示。插入后单击【属性】选项板中的【编辑类型】按钮，在打开的【类型属性】对话框中修改结构柱的尺寸标注。

↘ **提示：** 在放置不同角度的相同结构柱时，需要按 Enter 键来调整结构柱族的方向。

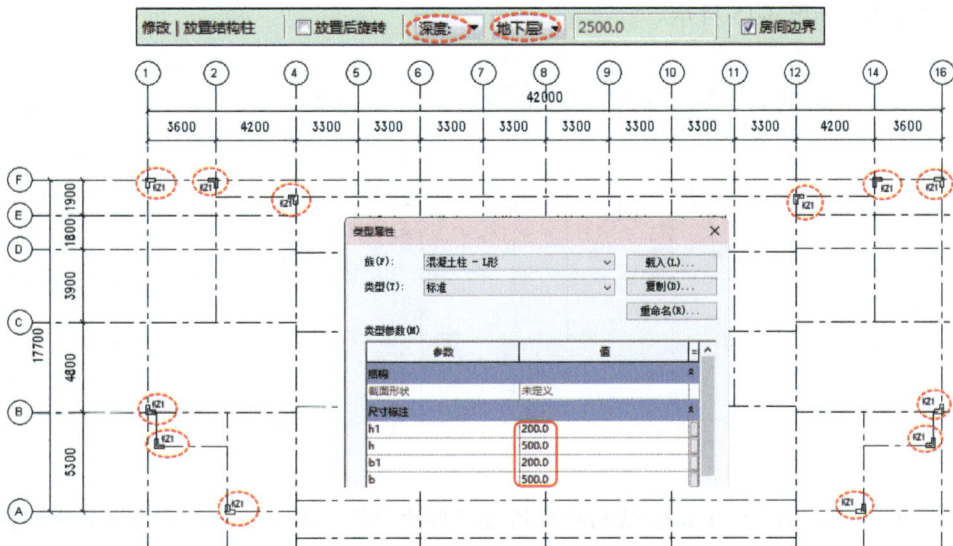

图 3-12

8. 插入 KZ2 结构柱族，KZ2 与 KZ1 的截面形状都是 L 形，但尺寸标注不同，如图 3-13 所示。

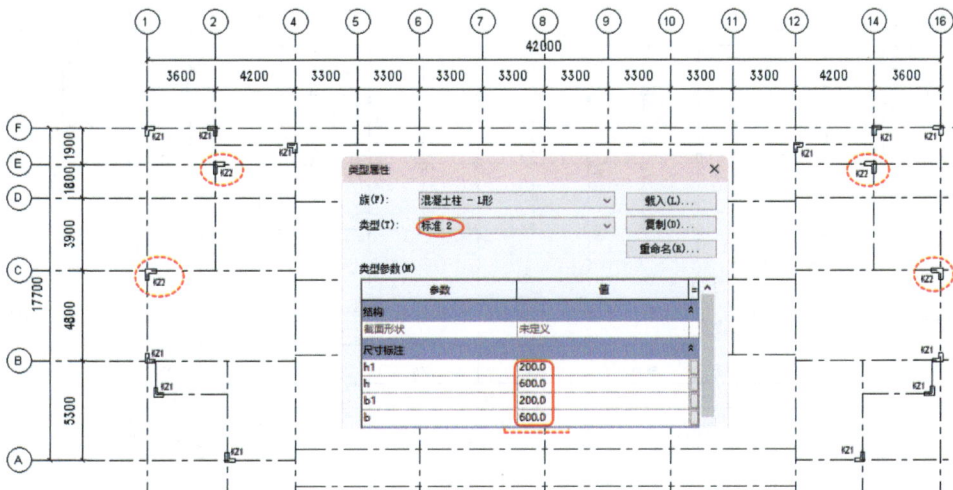

图 3-13

9. 由于本例是联排别墅，以⑧号轴线为中心线，结构柱呈左右对称。因此后面结构柱的插入可以先插入一半，另一半利用【镜像】工具获得。同理，插入 KZ3 结构柱族，KZ3 的截面形状是 T 形，尺寸标注与 Revit 族库中的 T 形结构柱族是相同的，如图 3-14 所示。

10. KZ4 结构柱族的形状是十字形，其尺寸标注与 Revit 族库中的十字结构柱是相同的，如图 3-15 所示。

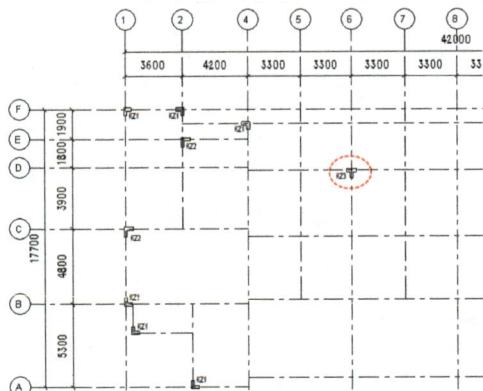

图 3-14

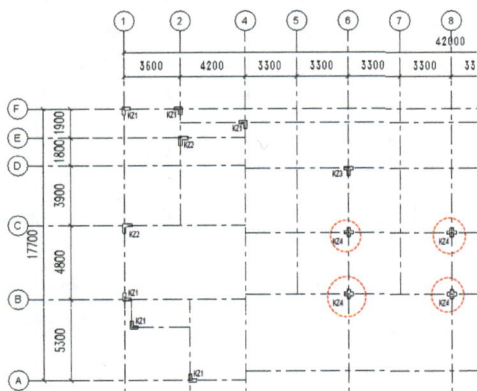

图 3-15

11．KZ5 ～ KZ8 及 KZa 结构柱族均为矩形结构柱。由于插入的结构柱数量较多，而且还要移动位置，因此此处不再一一演示，读者可以参考本例操作视频或者结构施工图来操作。设计完成的基础结构柱如图 3-16 所示。

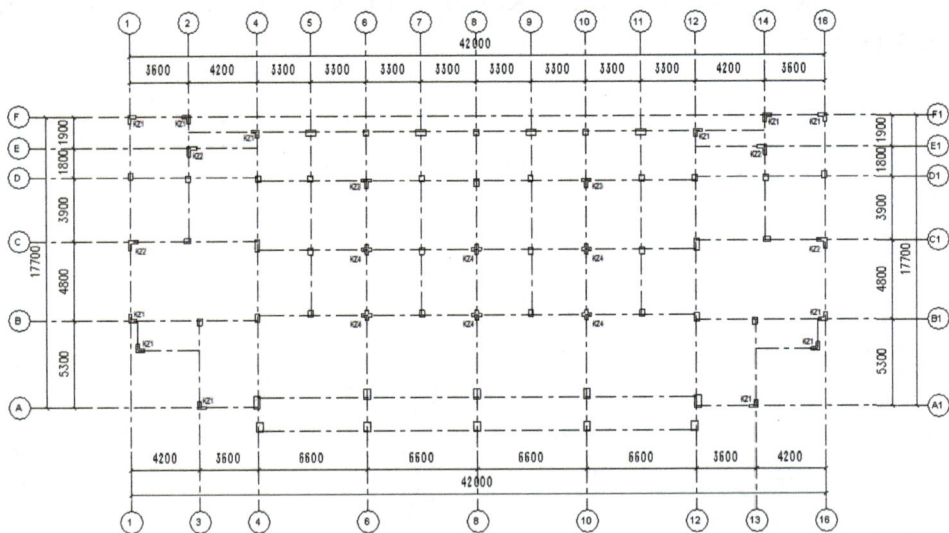

图 3-16

> ↘ **提示：** KZ5 尺寸：300mm×400mm；KZ6 尺寸：300mm×500mm；KZ7 尺寸：300mm×700mm；KZ8 尺寸：400mm×800mm；KZa 尺寸：400mm×600mm。

3.2.2　地下层桩基（基础部分）、梁和板设计

本例别墅的基础部分分为独立基础和条形基础，独立基础主要为承重建筑框架

基础，条形基础则分为承重基础和挡土墙基础。

独立基础的形状分为阶梯形、坡形和杯形 3 种，本例的独立基础为坡形。由于独立基础的结构柱较多，且尺寸不一致，为了节约时间，总体上放置两种规格尺寸的基础：一种是坡形独立基础，另一种是条形基础。

【例 3-2】地下层独立基础、梁和板设计。

1. 在【结构】选项卡的【基础】面板中单击【独立】按钮🖐️，从 Revit 族库中载入【结构】/【基础】/【独立基础 - 坡形截面 .rfa】族文件，如图 3-17 所示。

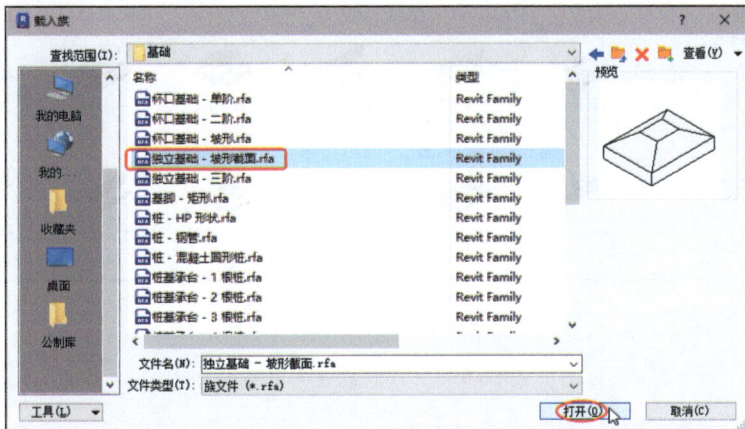

图 3-17

2. 在【类型属性】对话框中编辑独立基础的类型参数，并布置在图 3-18 所示的结构柱位置上，其中的点与结构柱中点重合。

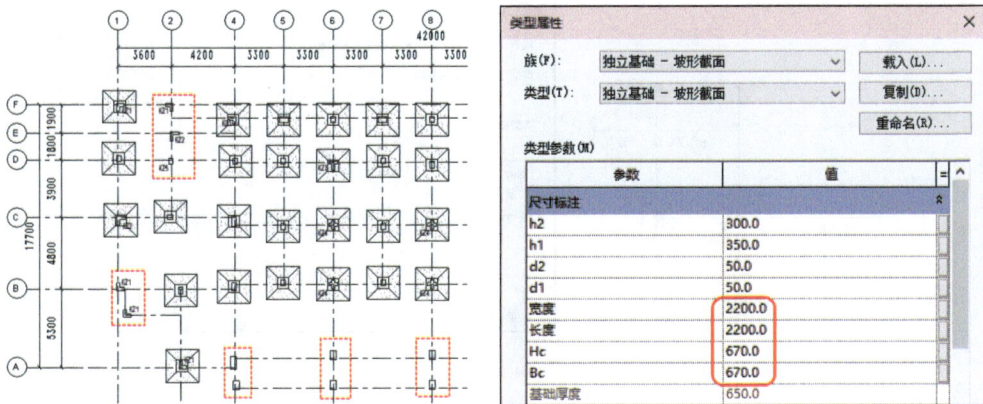

图 3-18

3. 在图 3-18 中，虚线矩形框内未放置独立基础。其主要原因在于，该位置与相邻独立基础的间距过小，为避免两者之间产生相互干扰，设计上改用了条形基础以确保结构稳定。可使用广联达的"构件坞"族库插件下载并布置【墙下条形基础 - 坡形截面底板】条形基础族，如图 3-19 所示。

图 3-19

> ⤷ **提示**：由于 Revit 族库中没有合适的条形基础族，此处使用广联达的"构件坞"族库插件。"构件坞"插件是免费的，读者可以到网络上下载该插件后独立安装，重启 Revit 后即可使用该插件的所有功能。

4. 将【墙下条形基础 - 坡形截面底板】族放置在距离较近的结构柱位置上，然后在【类型属性】对话框中编辑此族的类型参数，如图 3-20 所示。

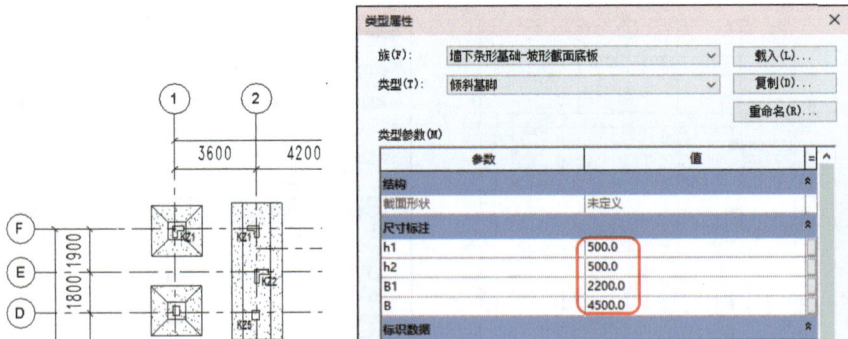

图 3-20

> ⤷ **提示**：在放置后可能会弹出【警告】提示框，如图 3-21 所示。这表示当前视图平面不可见，所创建的图元有可能在其他结构平面上。我们只要显示不同结构平面，找到放置的条形基础，更改其标高为【地下层结构标高】即可。

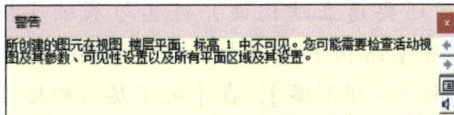

图 3-21

5. 同理，从【项目浏览器】选项板中直接拖曳【墙下条形基础 - 坡形截面底板】族到视图中进行放置，完成其余相邻且距离较近的结构柱上的条形基础的放置，最终结果如图 3-22 所示。

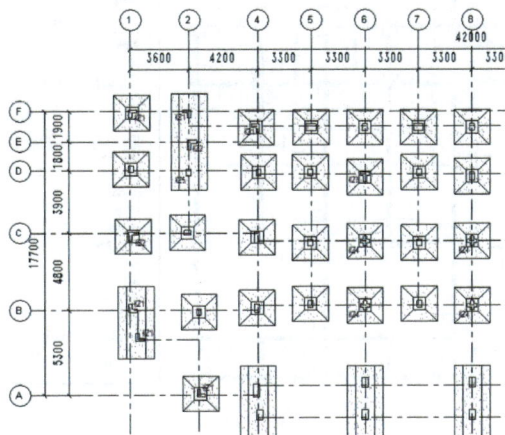

图 3-22

6. 以轴线编号⑧为镜像中心线，选择镜像中心线左侧的所有基础进行镜像，得到镜像中心线右侧的基础，如图 3-23 所示。

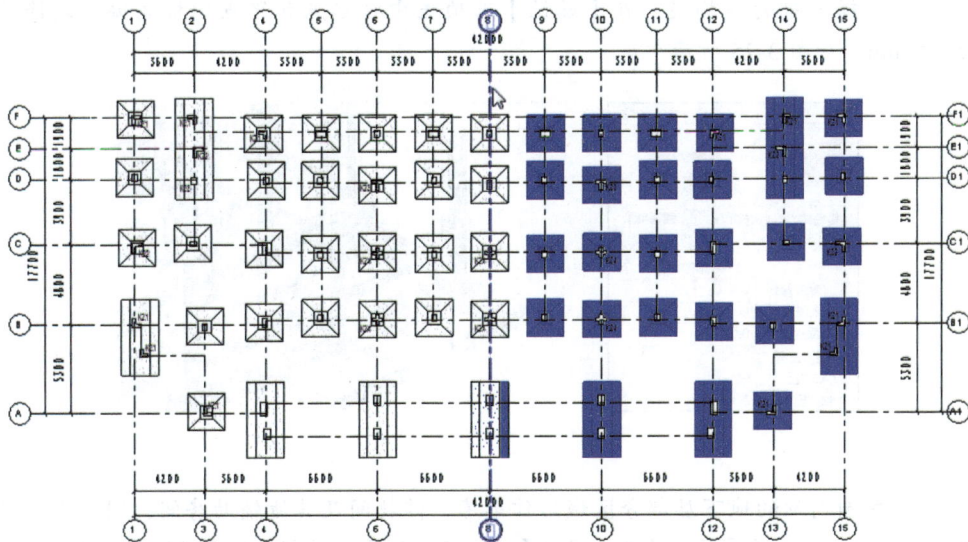

图 3-23

7. 在基础创建后，还要建立结构梁并将其与基础连接在一起。结构梁的参数为 200mm×600mm。在【结构】选项卡中单击【梁】按钮 ⫰，先选择系统中的 200mm×600mm 的【混凝土 - 矩形梁】，在【地下层结构标高】平面中创建结构梁，创建后在【类型属性】对话框中修改尺寸标注，如图 3-24 所示。

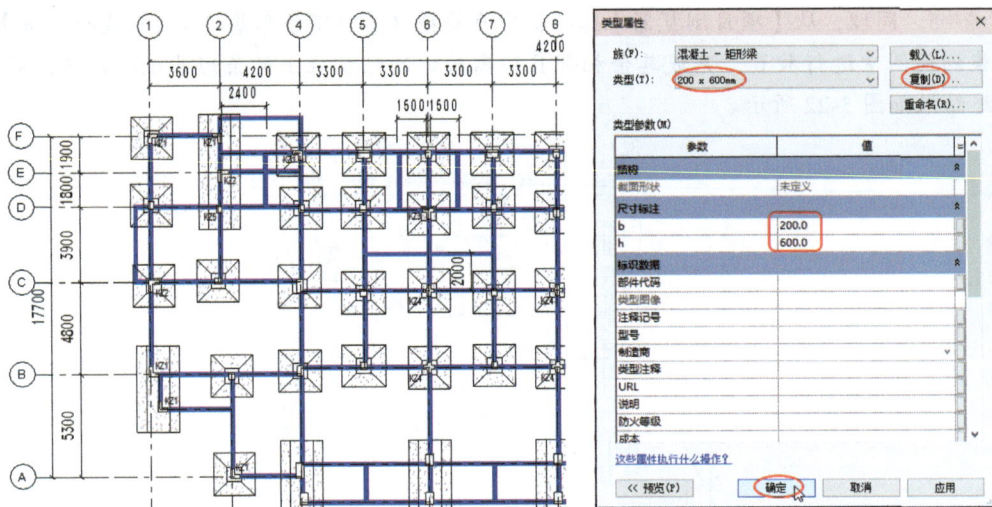

图 3-24

> ↘ **提示**：创建梁时，最好在柱与柱之间一段一段创建，不要让梁从左到右贯穿所有结构柱，因为这样会影响后期结构分析的结果。

8. 选择创建的结构梁，在【属性】选项板中将起点和终点的标高偏移均修改为 600mm，如图 3-25 所示。

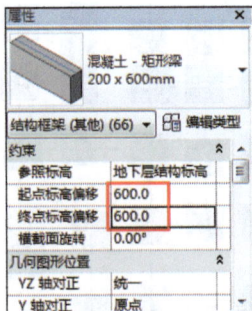

图 3-25

9. 本例别墅的地下层部分区域用作车库、储物间及其他辅助房间，因此需要创建结构基础楼板。在【结构】选项卡的【基础】面板中，选择【板】下拉列表中的【结构基础：楼板】选项，打开【属性】选项板并创建结构基础楼板，如图 3-26 所示。

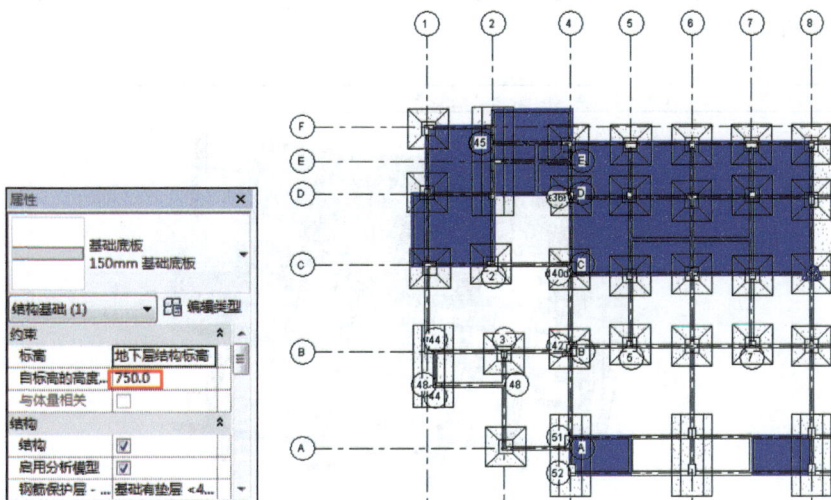

图 3-26

> ↘ **提示**：有结构基础楼板的房间承重较大，可用作地下停车库。没有结构基础楼板的房间均为填土、杂物间、储物间等，承重不是很大。地下层无须全部创建结构基础楼板，这是从成本控制角度考量的。

10. 将结构梁和结构基础楼板进行镜像，完成地下层的结构基础、梁、板设计，结果如图 3-27 所示。

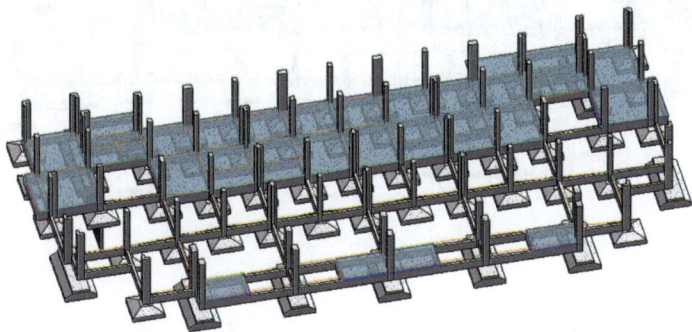

图 3-27

3.2.3 结构墙设计

地下层有结构基础楼板的用作房间的部分区域，还要创建剪力墙，也就是结构墙。结构墙的厚度与结构梁的厚度保持一致，为 200mm。

【**例 3-3**】创建地下层的结构墙。

1．在【结构】选项卡的【结构】面板中单击【墙：结构】按钮▢，创建图 3-28 所示的结构墙。

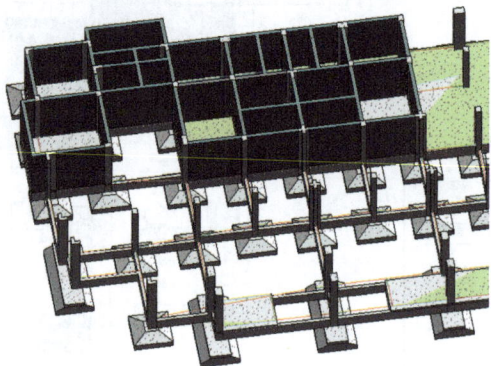

图 3-28

> ↘ **提示**：结构墙不要穿过结构柱，需要一段一段地创建。

2．将创建的结构墙进行镜像，完成地下层结构墙的设计，如图 3-29 所示。

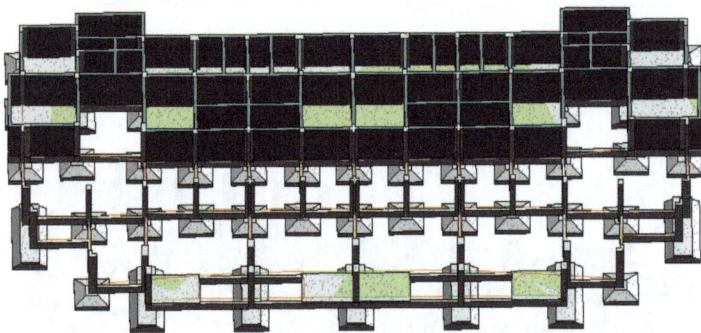

图 3-29

▍3.3　结构楼板、结构柱与结构梁设计

第一层的结构设计为标高 1（±0.000）的结构设计。第一层的结构中其实有两层，有剪力墙的区域的标高要高于没有剪力墙的区域，高度相差 300mm。

第二层和第三层中的结构主体比较简单，只是在阳台处需要设计建筑反口。

第一层至第二层之间的结构柱已经浇筑完成，下面在柱顶放置第二层的结构梁。同样，先建立一半的结构，另一半利用【镜像】工具完成。第二层的结构梁比第一层的结构梁仅多了地基以外的阳台结构梁。

【例3-4】创建第一层的结构梁、结构柱与结构楼板。

1. 创建整体的结构梁。在地下层结构中已经完成了部分剪力墙的创建。有剪力墙的结构梁尺寸为200mm×450mm，且在【标高1】之上。没有剪力墙的结构梁尺寸统一为200mm×450mm，且在【标高1】之下。

2. 创建【标高1】之上的结构梁（仅创建8号轴线一侧的），如图3-30所示。

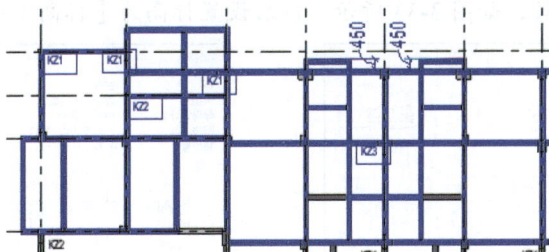

图 3-30

3. 创建【标高1】之下的结构梁，如图3-31所示。将【标高1】上、下所有的结构梁镜像至8号轴线的另一侧。

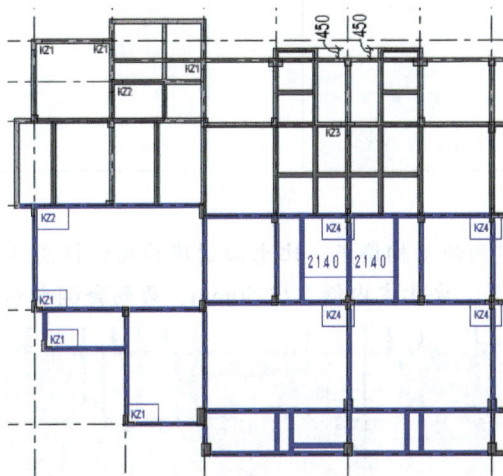

图 3-31

4. 创建标高较低的区域结构楼板（楼板顶部标高为0mm，无梁楼板厚度一般为150mm）。

5. 切换到【标高1】结构平面视图，在【结构】选项卡的【结构】面板中单击【楼板：结构】按钮，然后选择【现场浇注混凝土225mm】类型并创建结构楼板，如图3-32所示。

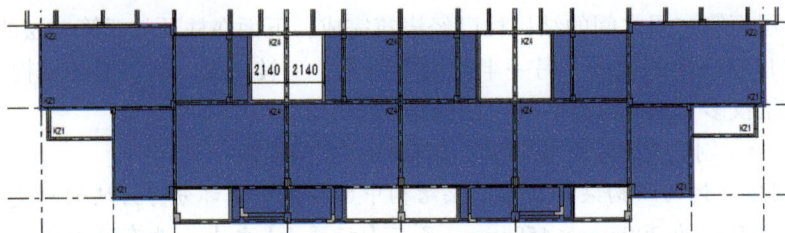

图 3-32

6. 在【属性】选项板中单击【编辑类型】按钮圈，在打开的【类型属性】对话框中编辑其结构参数，如图 3-33 所示。最后设置标高为【标高 1】。

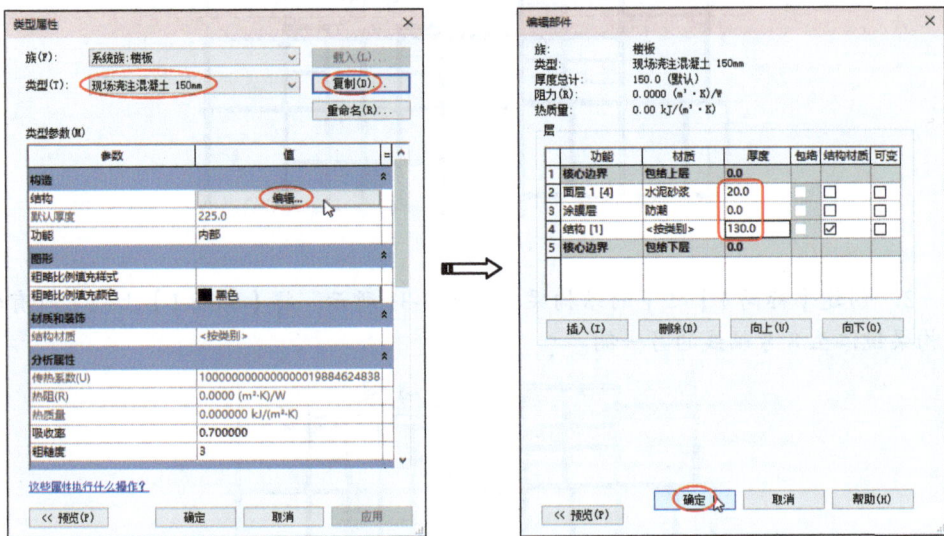

图 3-33

7. 同理，再创建两处结构楼板。比上面创建的楼板标高低 50mm，如图 3-34 所示。这两处为阳台位置，要比室内低至少 50mm，否则会翻水到室内。

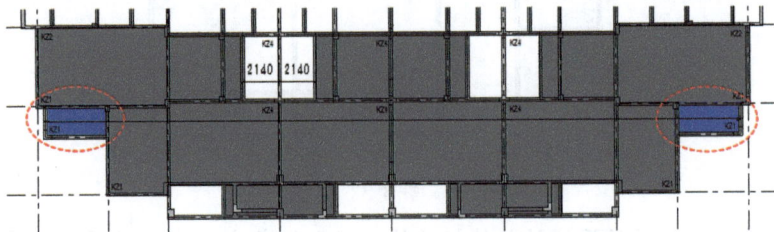

图 3-34

8. 创建顶部标高为 450mm 的结构楼板，如图 3-35 所示。

9. 创建顶部标高为 400mm 的结构楼板，如图 3-36 所示。这些楼板的房间要么是阳台，要么是卫生间或厨房。创建完成的第一层结构楼板如图 3-37 所示。

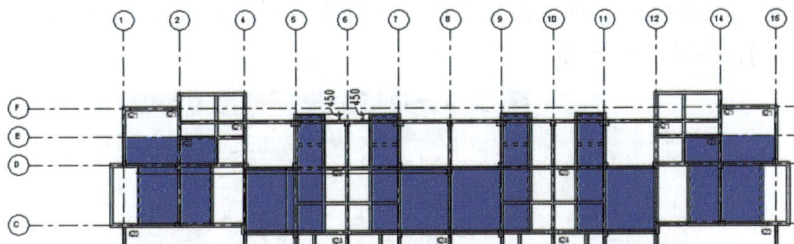

图 3-35

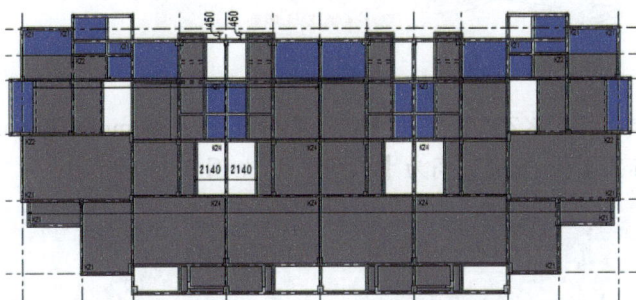

图 3-36

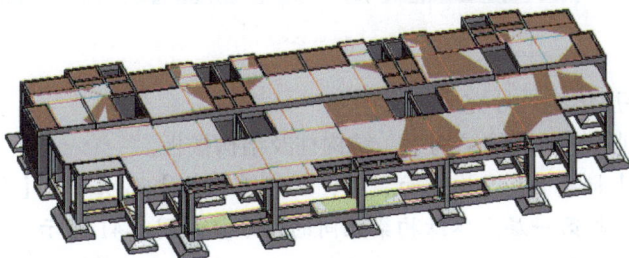

图 3-37

10. 第一层的结构柱主体上与地下层的相同，在【属性】选项板中直接修改所有结构柱的顶部标高为【标高 2】即可，如图 3-38 所示。

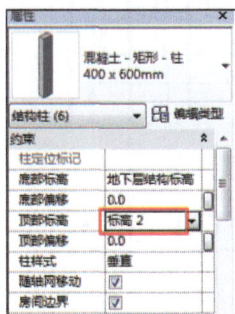

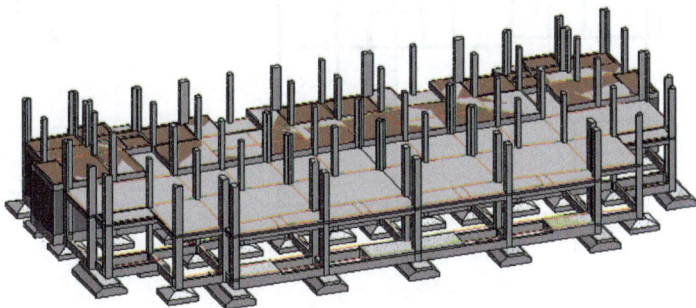

图 3-38

11. 将第一层中没有的结构柱或规格不同的结构柱全部选中，修改其顶部标高为【标高 1】，如图 3-39 所示。

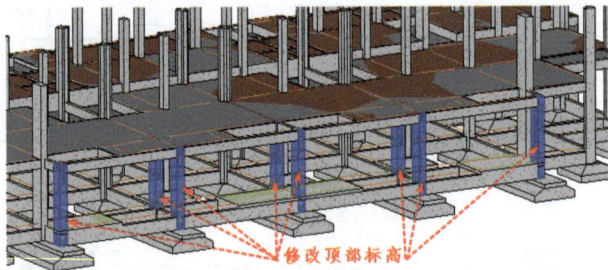

图 3-39

12. 随后依次插入 KZ3（T 形）、KZ5、LZ1（L 形：500mm×500mm）3 种结构柱，底部标高为【标高 1】、顶部标高为【标高 2】，如图 3-40 所示。

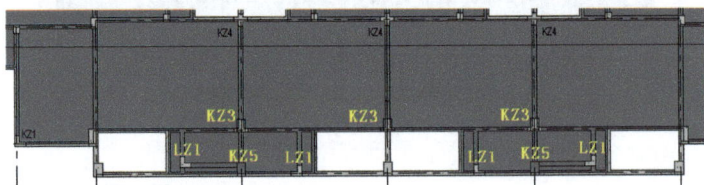

图 3-40

至此，第一层结构设计完成。

【例 3-5】创建第二层的结构梁、结构柱及结构楼板。

1. 切换到【标高 2】结构平面视图，利用【结构】选项卡的【结构】面板中的【梁】工具，建立与第一层主体结构梁相同的部分，如图 3-41 所示。

2. 接着建立与第一层结构梁不同的部分，如图 3-42 所示。

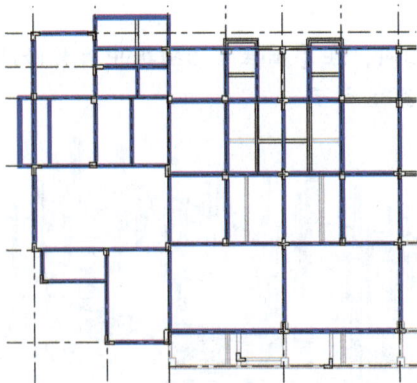

图 3-41

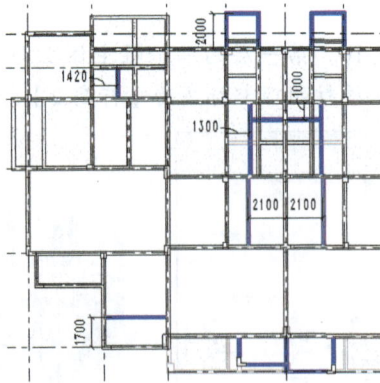

图 3-42

3. 由于第二层与第一层的结构不完全相同，有一根多余的结构柱并没有放置结构梁，因此要把这根结构柱的顶部标高重新设置为【标高 1】，如图 3-43 所示。

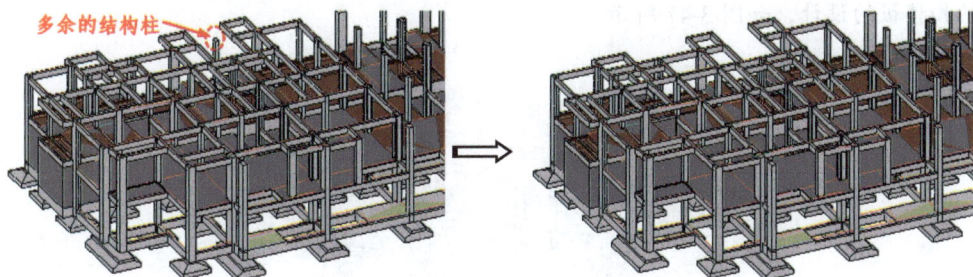

图 3-43

4. 创建结构楼板。先建立顶部标高为【标高 2】的结构楼板（将现浇楼板厚度修改为 100mm），如图 3-44 所示。然后建立低于【标高 2】50mm 的结构楼板，如图 3-45 所示。

图 3-44

图 3-45

5. 设计各大门上方的反口（或雨棚）的底板。同样是结构楼板构造，建立的反口底板如图 3-46 所示。

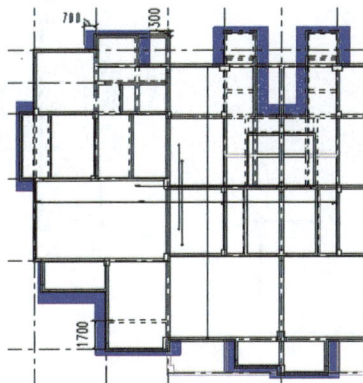

图 3-46

6. 将创建完成的结构楼板、结构梁进行镜像，完成第二层的结构柱、结构梁和结构楼板的设计，如图 3-47 所示。

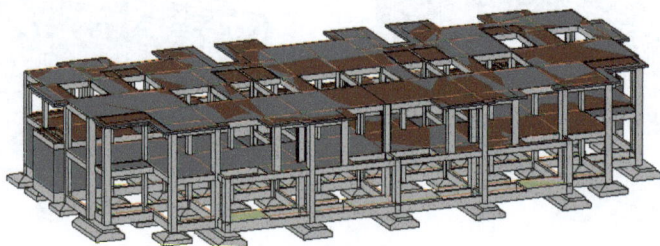

图 3-47

【例 3-6】创建第三层的结构柱、结构梁和结构楼板。

1. 设计第三层的结构柱、结构梁和结构楼板。先在【属性】选项板中将第二层的部分结构柱的顶部标高修改为【标高 3】，如图 3-48 所示。

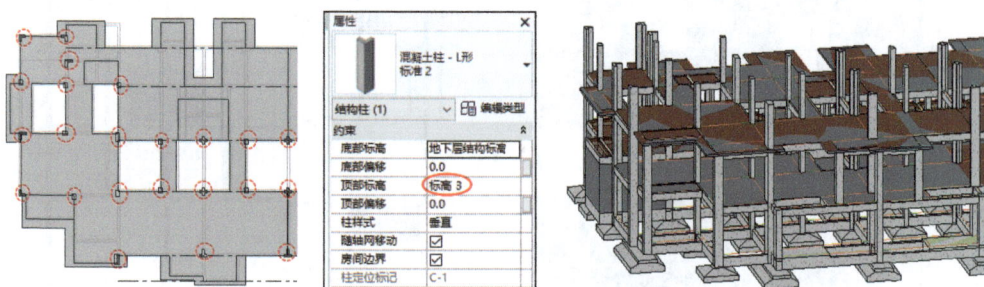

图 3-48

2. 添加新的结构柱 LZ1 和 KZ3，如图 3-49 所示。

3. 在【标高 3】结构平面上创建与第一层、第二层相同的结构梁，如图 3-50 所示。

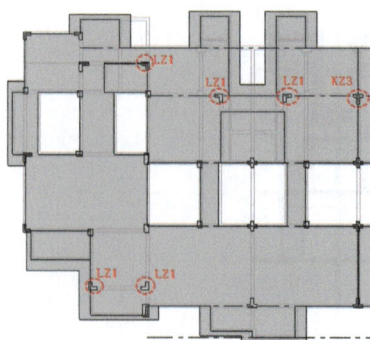

图 3-49

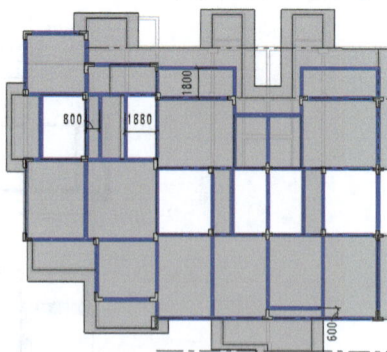

图 3-50

4. 创建顶部标高为【标高3】的结构楼板，如图 3-51 所示。

5. 创建低于【标高3】50mm 的卫生间结构楼板，如图 3-52 所示。

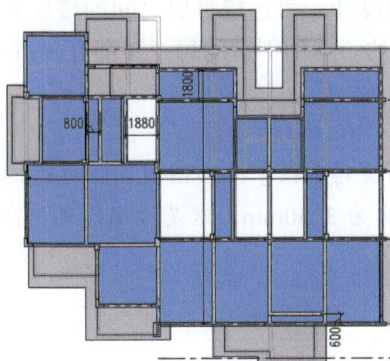

图 3-51

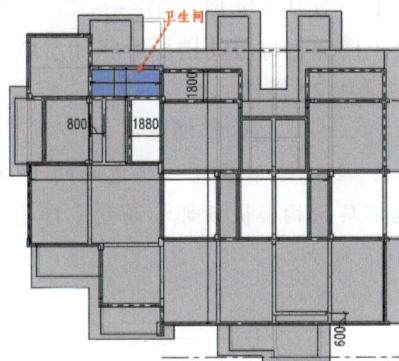

图 3-52

6. 创建第三层的反口底板，尺寸与第二层的相同，如图 3-53 所示。

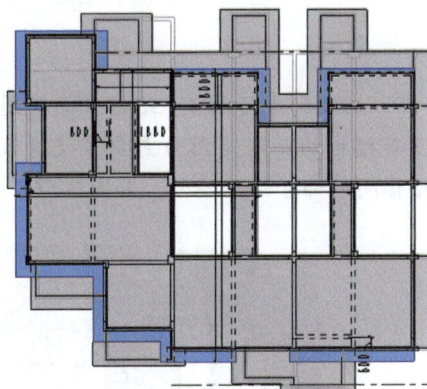

图 3-53

7. 将结构梁、结构柱和结构楼板进行镜像，完成第三层的结构柱、结构梁和结构楼板的设计，如图 3-54 所示。

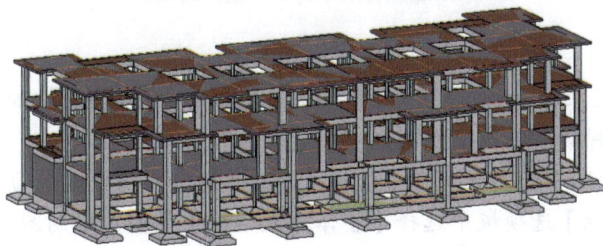

图 3-54

3.4　结构楼梯设计

上一节基本完成了第一、二、三层的结构设计，而连接每层之间的楼梯是现浇混凝土楼梯，每层的楼梯形状和参数都是相同的。本例别墅的每一层都有两段楼梯：1# 楼梯和 2# 楼梯。

【例 3-7】结构楼梯设计。

1. 创建地下层到一层之间的 1# 楼梯。切换到【东】立面图视图，通过测量得到地下层结构楼板顶部标高到【标高 1】的距离为 3250mm，这是楼梯的总标高，如图 3-55 所示。

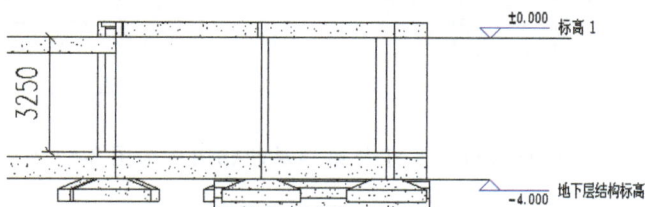

图 3-55

2. 切换到【标高 1】结构平面视图，从中可以看出 1# 楼梯洞口下的地下层位置是没有楼板的，这是因为需要等楼梯设计完成后，根据实际的剩余面积来创建地下层楼梯间的部分结构楼板，如图 3-56 所示。

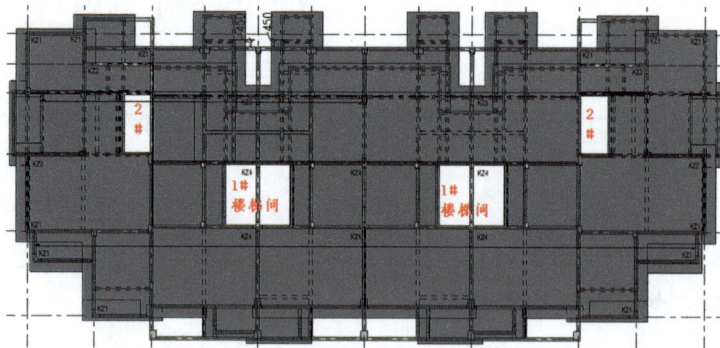

图 3-56

3. 1# 楼梯总共设计为 3 跑，为直楼梯。地下层 1# 楼梯设计如图 3-57 所示。根据实际情况，楼梯的步数会发生细微变化。

4. 根据设计图中的参数，在【建筑】选项卡的【楼梯坡道】面板中单击【楼梯】按钮，在【属性】选项板中选择【整体浇筑楼梯】类型，绘制图 3-58 所示的楼梯。三维楼梯效果如图 3-59 所示。

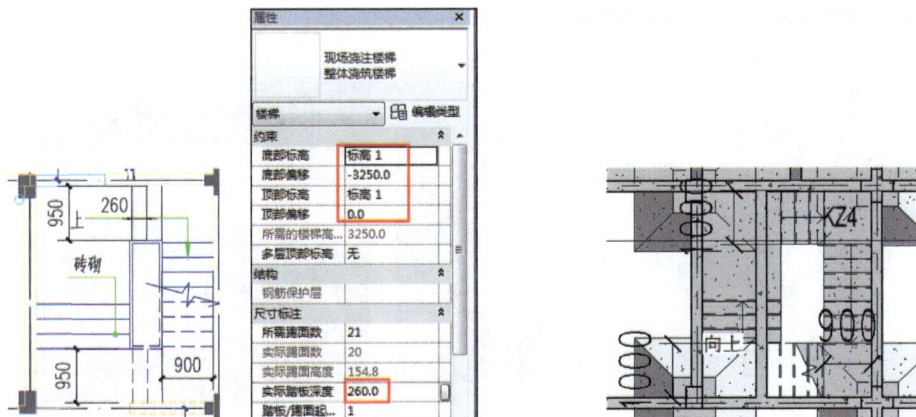

图 3-57   图 3-58

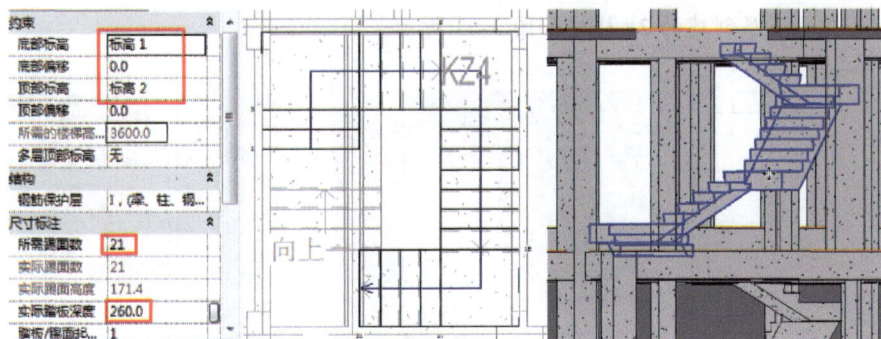

图 3-59

↘ **提示**：在绘制楼梯时，楼梯的第一跑与第二跑不要相交，否则会失败。

5. 创建第一层到第二层之间的 1# 楼梯，楼梯标高是 3600mm，如图 3-60 所示。

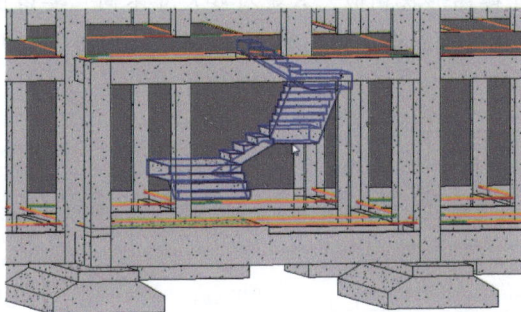

图 3-60

6. 切换到【标高 2】结构平面视图。创建第二层到第三层之间的 1# 楼梯，楼梯标高为 3000mm，如图 3-61 所示。

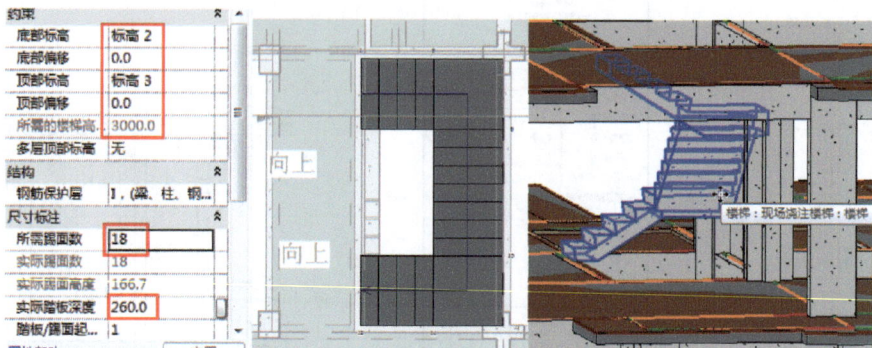

图 3-61

7. 2# 楼梯与 1# 楼梯形状相似，只是有些尺寸不同，要留出的洞口不一样。二者的创建方法是完全相同的。楼层标高和 2# 楼梯设计如图 3-62 所示。

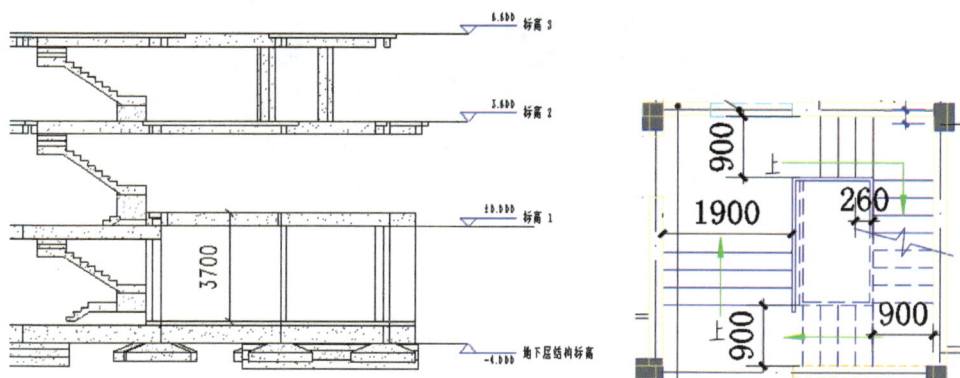

图 3-62

8. 在地下层创建的 2# 楼梯如图 3-63 所示。

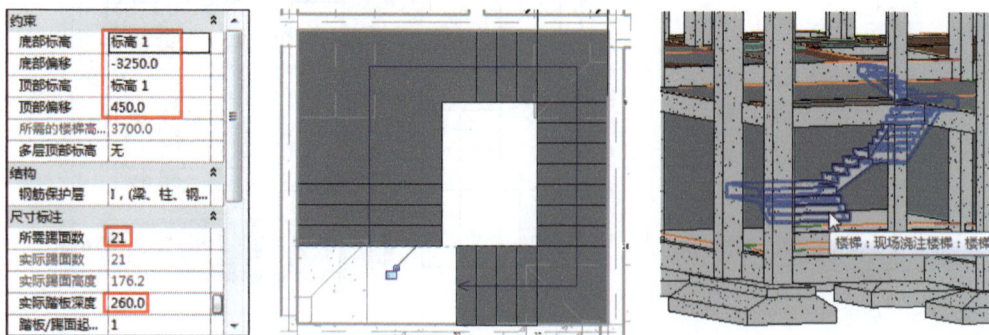

图 3-63

9. 第一层到第二层之间创建的 2# 楼梯如图 3-64 所示，楼梯标高是 3150mm。

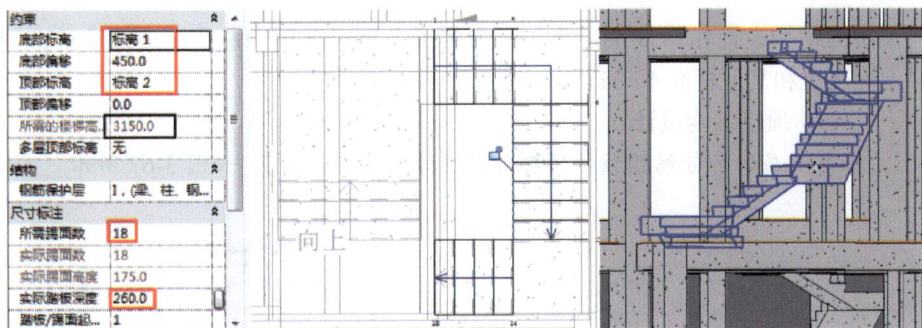

图 3-64

10. 切换到【标高 2】结构平面视图。创建第二层到第三层之间的 2# 楼梯，楼梯标高为 3000mm，如图 3-65 所示。

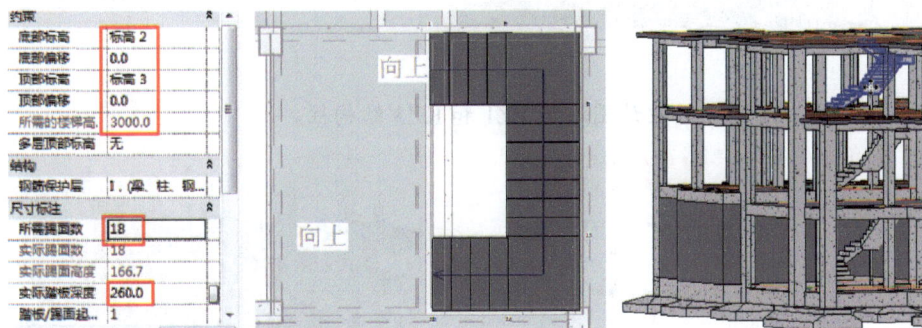

图 3-65

11. 将 3 段 1# 楼梯镜像到相邻的楼梯间中。

12. 将创建的 9 段楼梯镜像到另一栋别墅中，如图 3-66 所示。

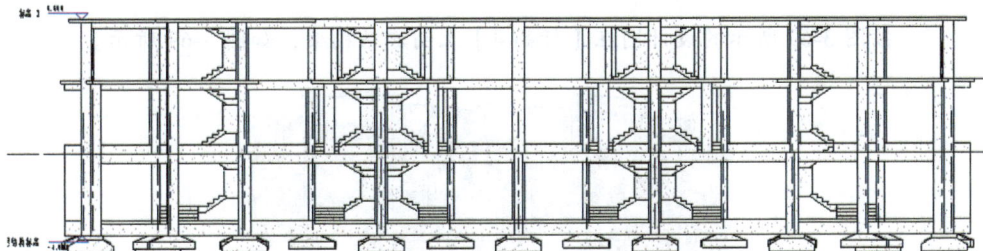

图 3-66

3.5　顶层结构设计

顶层的结构设计稍微复杂一些，因为多了人字形屋顶和迹线屋顶的设计，同时顶层的标高也和其他标高不一致。

【例 3-8】顶层结构设计。

1. 将第三层的部分结构柱的顶部标高修改为【标高 4】，如图 3-67 所示。

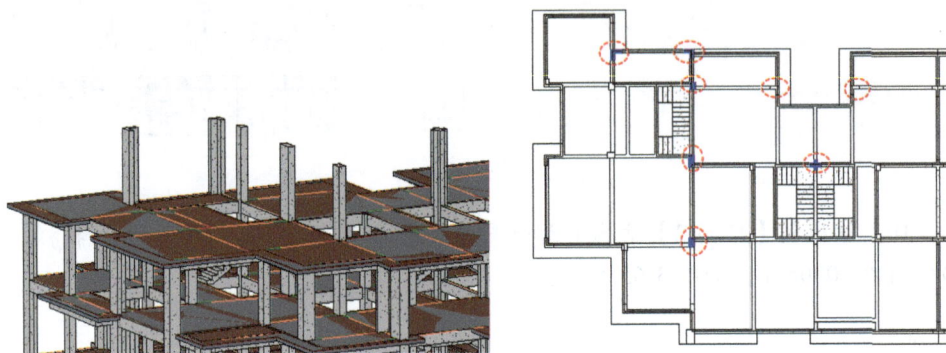

图 3-67

2. 按图 3-68 所示的设计图添加 LZ1 和 KZ3 结构柱。

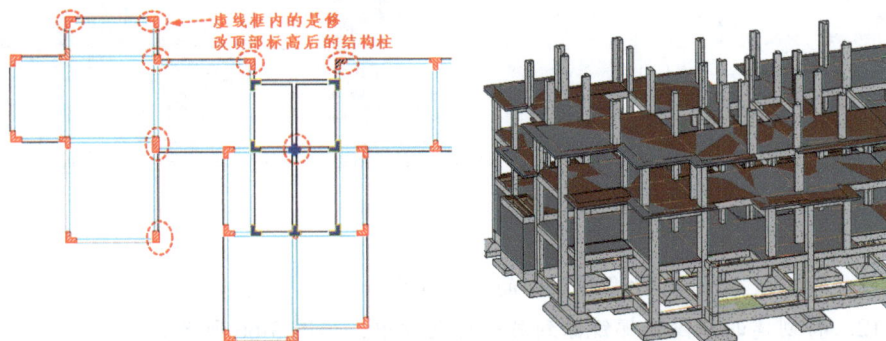

图 3-68

3. 按图 3-69 所示的设计图在【标高 4】上创建结构梁，如图 3-69 所示。

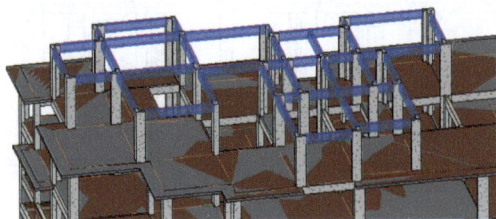

图 3-69

4. 创建图 3-70 所示的结构楼板。接下来创建楼板的反口底板，如图 3-71 所示。

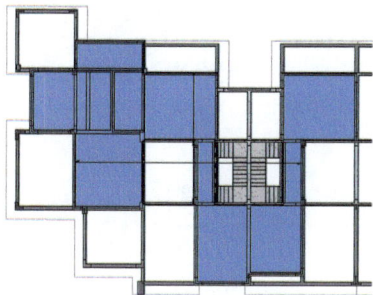

图 3-70

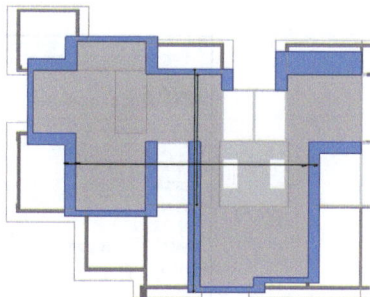

图 3-71

5. 选择部分结构柱，修改其顶部偏移，如图 3-72 所示。

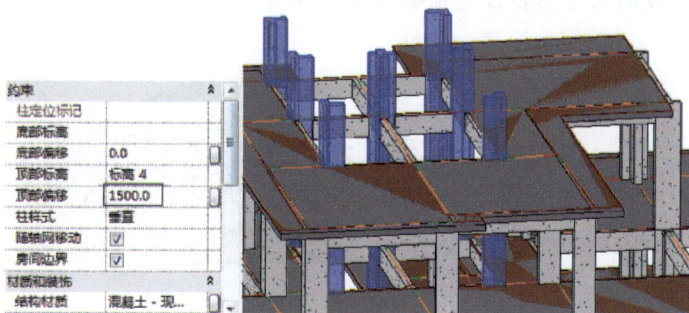

图 3-72

6. 在修改标高的结构柱上创建顶层的结构梁，如图 3-73 所示。

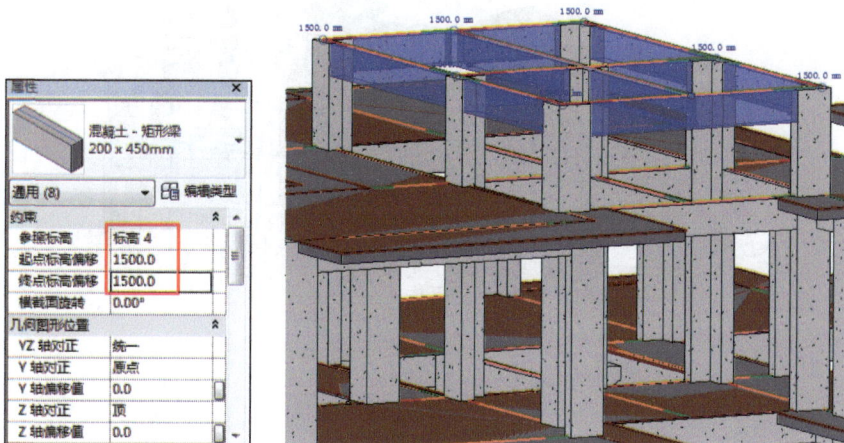

图 3-73

7. 在【南】立面图中的顶层创建人字形拉伸屋顶，屋顶类型及屋顶截面如图 3-74
所示。

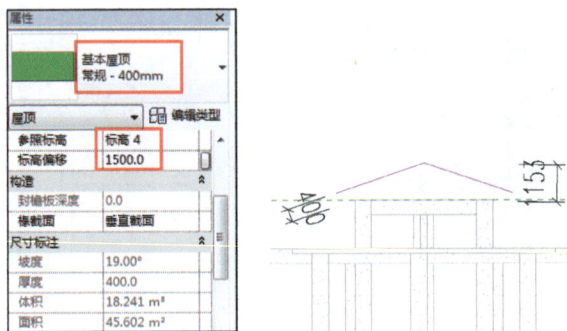

图 3-74

8. 创建完成的人字形拉伸屋顶如图 3-75 所示。

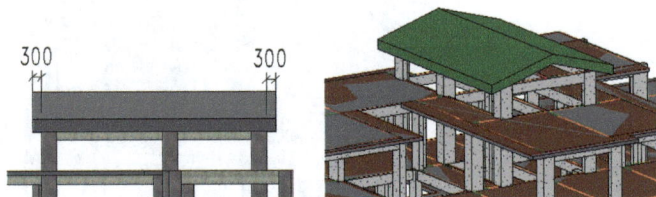

图 3-75

9. 将【标高 4】及以上的结构进行镜像，完成联排别墅的结构设计，如图 3-76
所示。

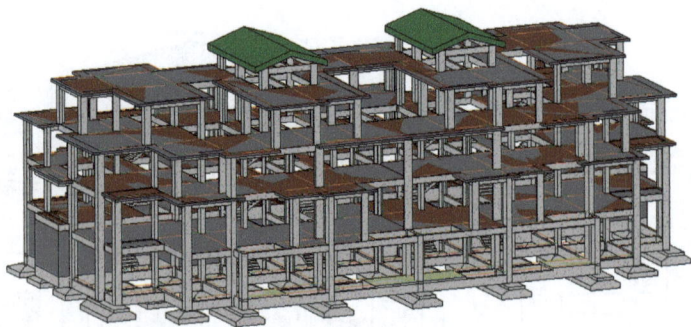

图 3-76

第 **4** 章　Revit 建筑施工图设计

Revit 中的 Revit Architecture 模块除了具备建模功能，还有建筑设计必备的施工图设计功能。虽然项目浏览器中的很多视图类型是施工图出图的基本视图，但要通过一定的设置、修改才能达到出图的要求。有些建筑图纸是室内制图的依据，而 Revit Architecture 模块也可以制作完整的室内施工图样。本章将着重讲解在 Revit 中从建筑总平面图到建筑与室内详图的设计过程。

■ 4.1　建筑总平面图设计

建筑总平面图主要表示整个建筑场地的总体布局，包括新建房屋的位置、朝向及周围环境（原有建筑、交通道路、绿化、地形）等基本情况的图样。它是新建房屋定位、施工放线、现场布置的依据，其中会标出新建筑物的外形，建筑物周围的地物和旧建筑、建成后的道路、水源、电源、下水道干线、停车的位置、建筑物的朝向等。

4.1.1　建筑总平面图概述

建筑总平面图是将拟建的、原有的、要拆除的建筑物或构筑物，以及新建、原有道路等内容用水平投影的方法在地形图上绘制出来，便于施工人员浏览。

图 4-1 所示为某住宅小区项目的建筑总平面图。

建筑总平面图的功能与作用如下。

- 在方案设计阶段，建筑总平面图着重体现拟建建筑物的大小、形状及周边道路、房屋、绿地和建筑红线之间的关系，表现室外空间设计效果。
- 在初步设计阶段，通过建筑总平面设计中涉及的各种因素和环节，可以进一步推敲方案的合理、科学性，细化总平面图，为施工图阶段的总平面图奠定基础。
- 在施工图设计阶段，总平面图能准确描述建筑的定位尺寸、相对标高、道路竖向标高、排水方向及坡度等，是单体建筑施工放线、确定开挖范围及深度、场地布置以及水、暖、电管线设计的主要依据，也是道路及围墙、绿化、水池等施工的重要依据。
- 在整个工程设计、施工过程中，建筑总平面图具有极其重要的作用，是建筑总平面设计当中的图纸部分，在不同的设计和施工阶段的作用也有所不同。

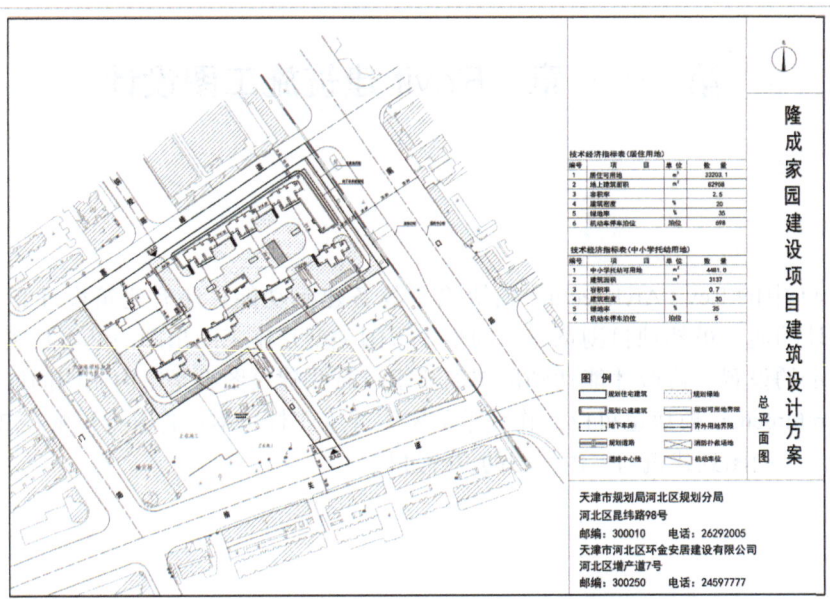

图 4-1

由于建筑总平面图采用较小的比例绘制，各建筑物和构筑物在图中所占面积较小，无须绘制得很详细，根据总平面图的作用，可以用相应的图例表示。《总图制图标准》（GB/T 50103—2010）中规定的几种常用图例见表 4-1。

表 4-1

符号	说明	符号	说明
（1） （2）① 12F/2D H=59.00m	（1）新建建筑物以粗实线表示与室外地坪相接处 ±0.00 外墙定位轮廓线 建筑物一般以 ±0.00 高度处的外墙定位轴线交叉点坐标定位。轴线用细实线表示，并标明轴线号 （2）根据不同设计阶段标注建筑编号、地上/地下层数、建筑高度、建筑出入口位置（两种表示方法均可，但同一图纸采用一种表示方法）	（1） （2）	（1）地下建筑物以粗虚线表示其轮廓 （2）建筑上部（±0.00 以上）外挑建筑用细实线表示。建筑物上部连廊用细虚线表示并标注位置
	计划扩建的预留地或建筑物用虚线表示		原有建筑物用细实线表示
	拆除的建筑物用细实线表示		建筑物下面的通道

续表

符号	说明	符号	说明
铺砌场地		（1） （2）	（1）台阶（级数仅为示意） （2）无障碍通道
	烟囱。实线为烟囱下部直径，虚线为基础 必要时，可注写烟囱高度和上、下口直径		实体性围墙
	围墙及大门	5.00 1.50	挡土墙根据不同设计阶段的需要标注 墙顶标高 墙底标高
	填挖边坡。边坡较长时，可在一端或两端局部表示		挡土墙上设围墙
X323.38 Y586.32	地形测量坐标系。坐标数字平行于建筑标注	A123.21 B789.32	自设坐标系。坐标数字平行于建筑标注
32.36 (±0.00)	室内地坪标高。数字平行于建筑物书写	140.00	室外地坪标高。室外标高也可采用等高线

4.1.2　处理场地视图

Revit Architecture 模块中的建筑总平面图是在场地视图中制作的。制作建筑总平面图的第一步是对场地视图中所要表达的各建筑信息进行标注，如等高线标签设置、高程标注、坐标标注、尺寸及文字标注等。

【例 4-1】标注地形图。

1. 打开本例源文件"商业中心 .rvt"，如图 4-2 所示。

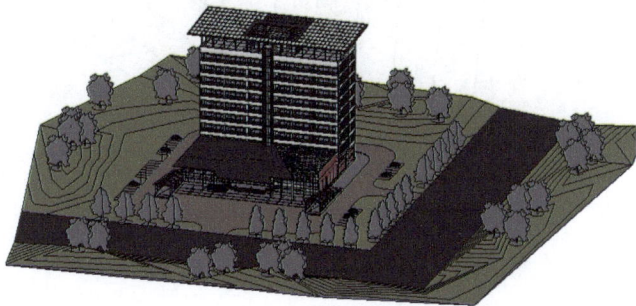

图 4-2

2. 在【项目浏览器】选项板的【楼层平面】节点项目下，打开【场地】视图，如图 4-3 所示。

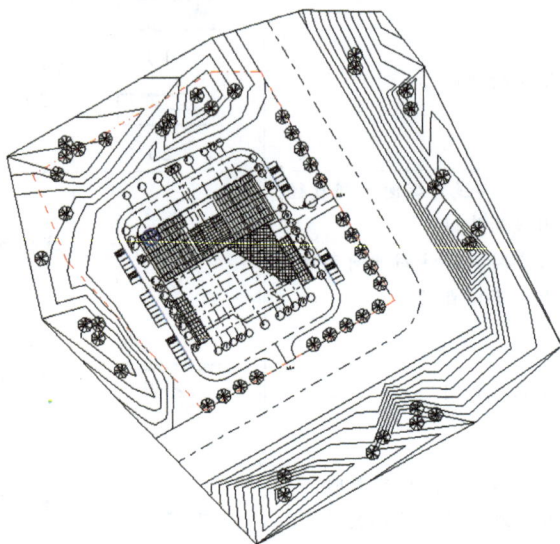

图 4-3

3. 标记等高线。在【体量和场地】选项卡的【修改场地】面板中单击【标记等高线】按钮，然后绘制一条与等高线相交的线，此时等高线标签会显示在绘制的线上，如图 4-4 所示。

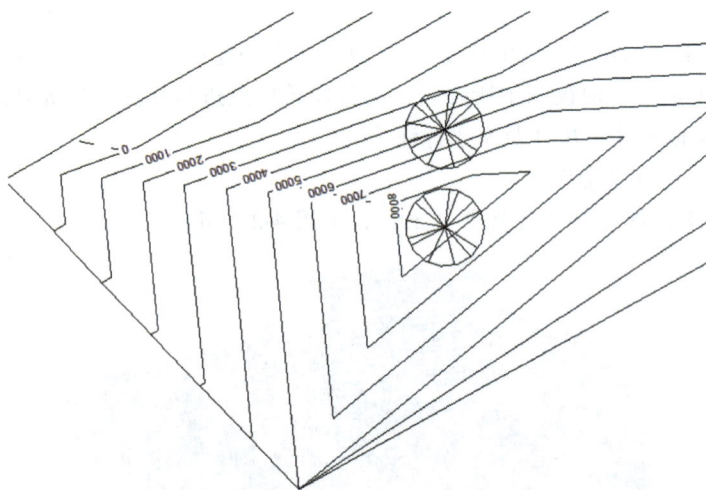

图 4-4

4. 标注高程点坐标。在【注释】选项卡的【尺寸标注】面板中单击【高程点坐标】

按钮 ⊕，然后选择项目基点来创建引线，完成高程点坐标的标注，如图 4-5 所示。

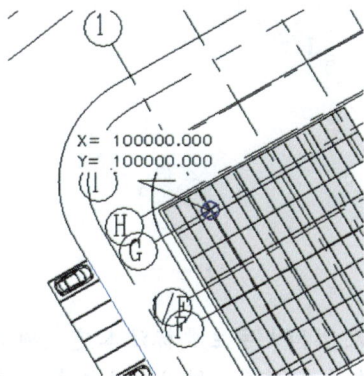

图 4-5

5. 继续在场地视图中（在整个项目的建筑范围边界上，用红色点划线表示）标注其余的高程点坐标，如图 4-6 所示。

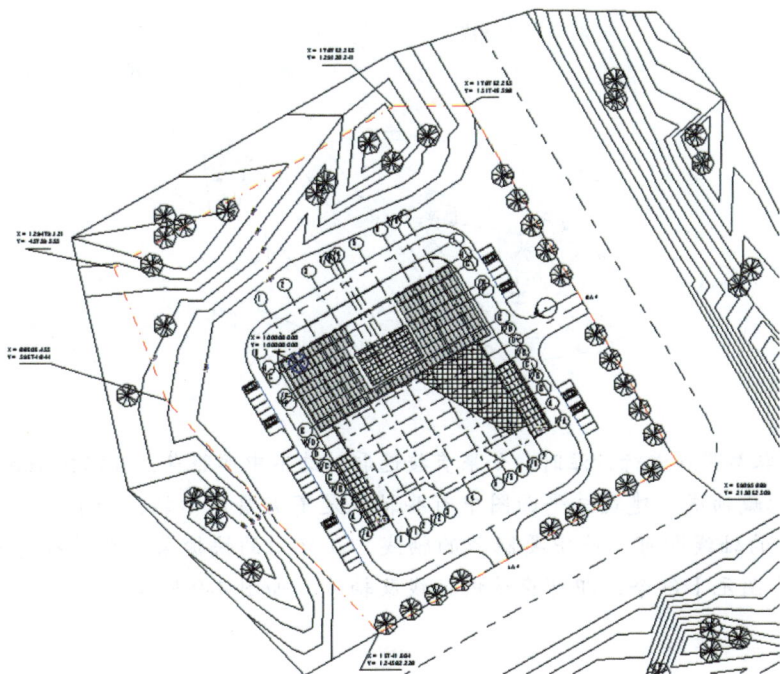

图 4-6

6. 标注高程标高。在【注释】选项卡的【尺寸标注】面板中单击【高程点】按钮 ◆，在【属性】选项板的类型选择器中选择"高程点 - 三角形（项目）"类型。接着在场地视图中放置高程点，如图 4-7 所示。继续完成其余地点高程点的放置。

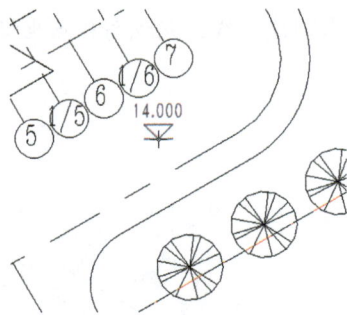

图 4-7

7. 尺寸和文字标注。尺寸和文字主要标注本建筑项目的建筑施工范围，以及各部分建筑、道路及公共设施的名称等。利用【注释】选项卡的【尺寸标注】面板中的【对齐标注】工具，标注建筑范围，如图 4-8 所示。

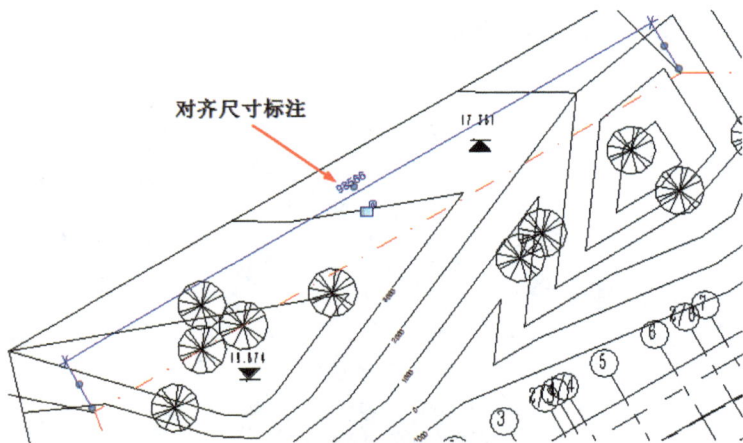

对齐尺寸标注

图 4-8

在拾取参照点进行标注时，如果直接选取时选不中参照点，可以按 Tab 键切换。

8. 隐藏轴线。建筑总平面图中有些轴线是不需要显示的，一般仅显示建筑物整体尺寸的轴线即可。选中要隐藏的轴线，在弹出的快捷菜单中选择【在视图中隐藏】/【图元】命令，即可隐藏该轴线及轴号，如图 4-9 所示。

> 💡 **提示：** 若不方便选择轴线，可按 Tab 键切换，直至选中目标对象。若需隐藏全部图元，可先选择快捷菜单中的【选择全部实例】/【在视图中可见】命令，再选择【在视图中隐藏】/【图元】命令以将轴线及轴号全部隐藏。若需显示全部图元，在状态栏单击【显示隐藏的图元】按钮 💡，选中所有图元后，在状态栏单击【关闭"显示隐藏的图元"】按钮 🔳，从而将隐藏的图元全部显示出来。

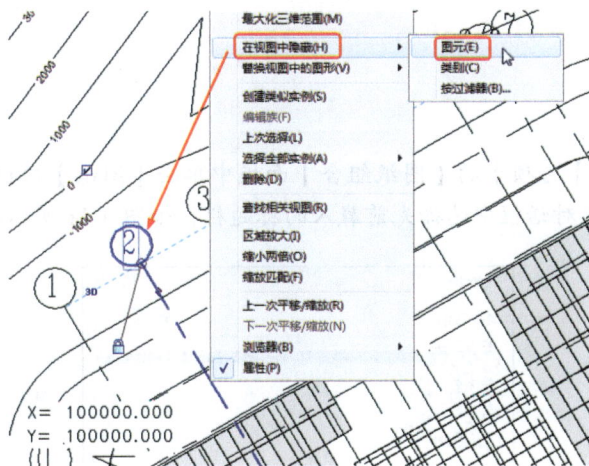

图 4-9

4.1.3 图纸样板与设置

制作图纸时，应根据相关建筑制图标准，对施工图中的线型、线宽、颜色、图层、图幅、图框、标题栏、明细表等进行设置。

> **提示：** Revit 中的"图纸"指的是一个工程图的图纸模板，图纸模板中包含图幅、图框、标题栏、会签栏等信息。

下面在【例 4-1】的基础上继续介绍如何使用 Revit 自带的图纸模板来制作建筑总平面图图纸。

【例 4-2】创建建筑总平面图。

1. 在【插入】选项卡的【从库中载入】面板中单击【载入族】按钮 ，从 Revit 族库中的【标题栏】文件夹中载入"A1 公制 .rfa"族文件，如图 4-10 所示。

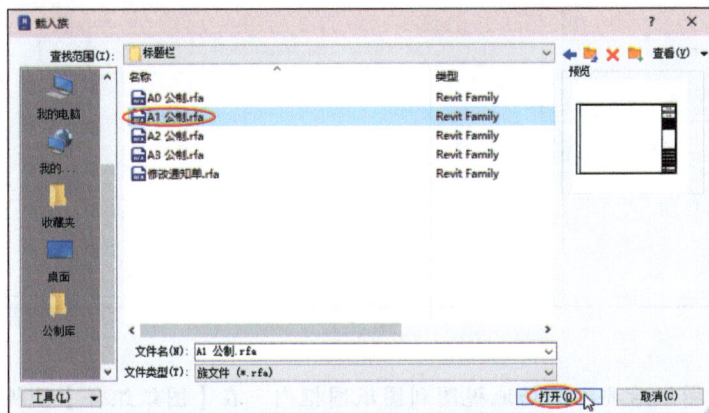

图 4-10

> ⬎ **提示：**载入哪种标题栏族文件，跟用户设计的图纸大小有关，一般来说，只要能够完整地放置整个视图即可，不可太大，也不可太小。载入的标题栏族文件放在【项目浏览器】选项板的【族】节点项目下的【注释符号】子节点中。

2. 在【视图】选项卡的【图纸组合】面板中单击【图纸】按钮，弹出【新建图纸】对话框。从对话框中选择先前载入的标题栏，如图 4-11 所示。

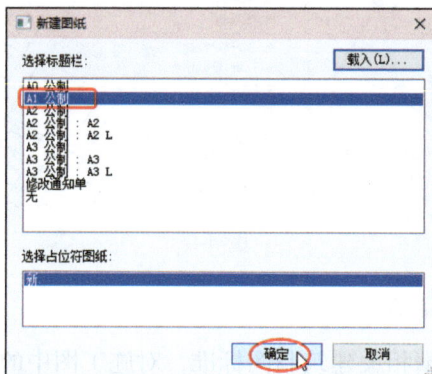

图 4-11

3. 新建的 A1 图纸如图 4-12 所示。新建的图纸将显示在【项目浏览器】选项板中的【图纸】项目节点下。

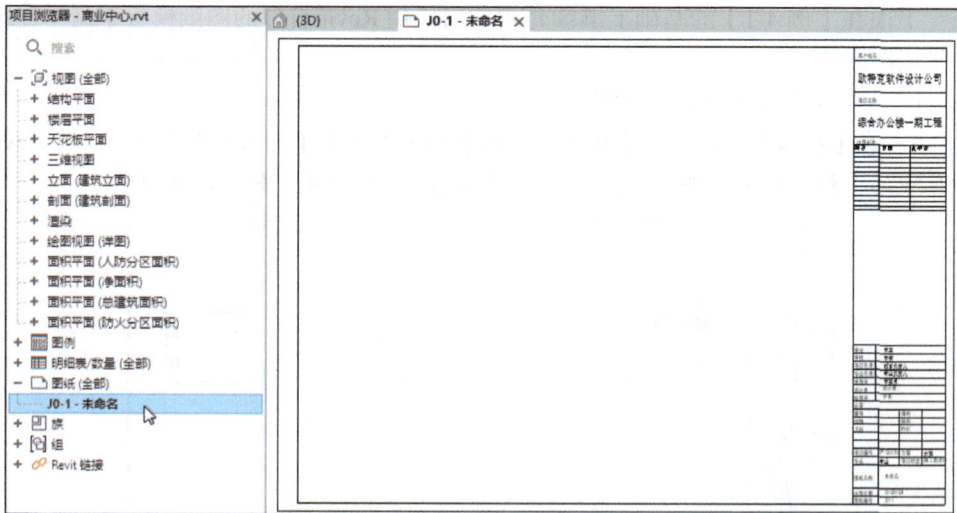

图 4-12

4. 新建图纸后要添加场地视图到图纸图框内。在【图纸组合】面板中单击【视图】按钮，打开【选择视图】对话框。从视图列表中选择【楼层平面：场地】视图，并单击【确定】按钮完成添加，如图 4-13 所示。

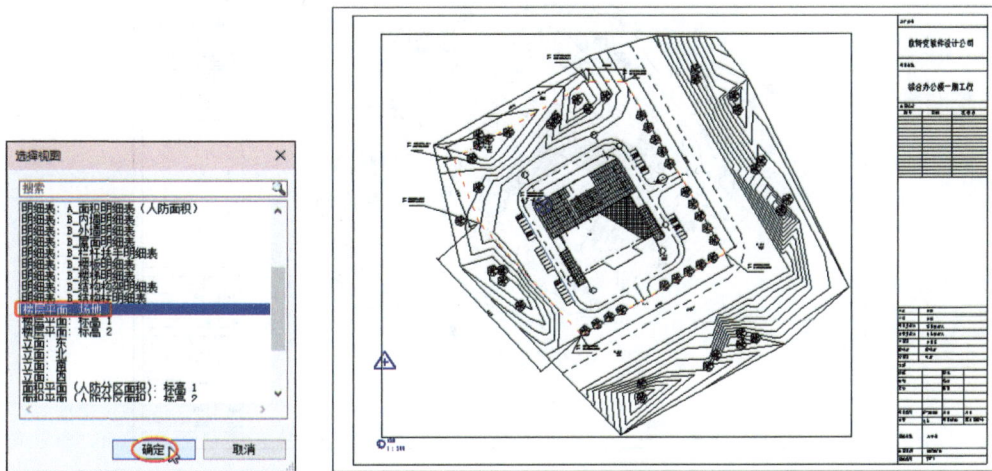

图 4-13

> **提示**：如果发现添加的场地视图在图中显示的区域较小或较大，可以先选中添加的视图，然后在【属性】选项板中设置视图比例。

5. 在【项目浏览器】选项板中的【族】/【注释符号】项目节点下，找到【符号 - 指北针】族，选中并将其拖曳到图中，如图 4-14 所示。

6. 在【项目浏览器】选项板中的【图纸】项目下，右击创建的图纸【J0-1- 未命名】，然后选择快捷菜单中的【重命名】命令，弹出【图纸标题】对话框。在该对话框中输入新的名称为"总平面图"，单击【确定】按钮后完成图纸的命名，如图 4-15 所示。

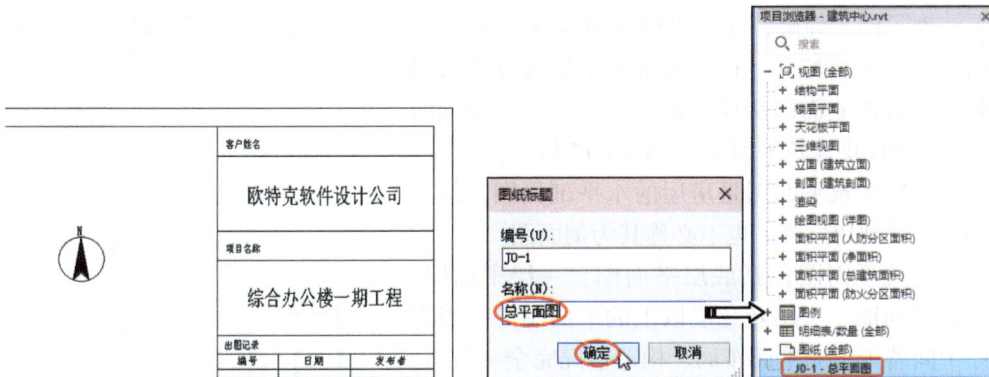

图 4-14

图 4-15

7. 最终的建筑总平面图如图 4-16 所示，保存项目文件。

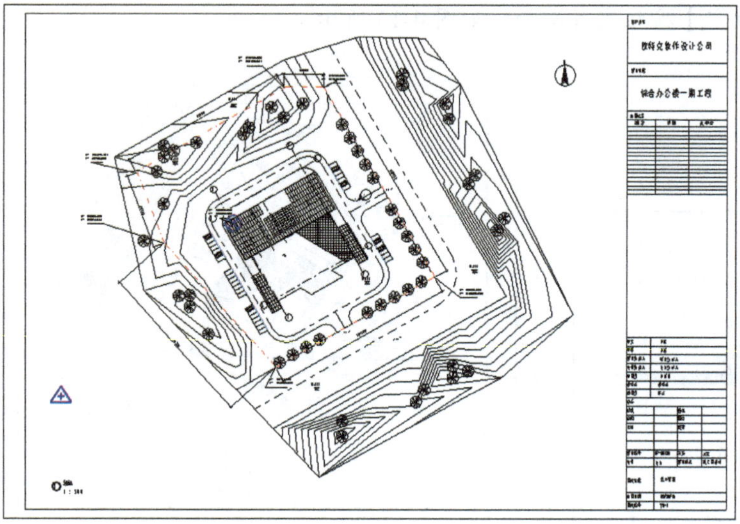

图 4-16

4.2　建筑平面图设计

　　建筑平面图是整个建筑平面的真实写照，用于表现建筑物的平面形状、布局、墙体、柱子、楼梯及门窗的位置等。建筑平面图也是制作室内设计施工平面图的原始户型图。建筑平面图中没有室内家装和装饰物，而室内平面图中必须有室内家装和装饰物。

4.2.1　建筑平面图概述

　　为了便于理解，建筑平面图可以这样表述：假设用一个水平剖切面经过房屋的门窗把房屋剖切开，得到的房屋实体部分为房屋截面，将此截面向房屋底面作正投影，所得到的水平剖面图即建筑平面图，如图 4-17 所示。

　　虽然建筑平面图是房屋的水平剖面图，但不必标注其剖切位置，也不必称其为剖面图。

　　建筑平面图包括底层平面图、一层平面图、二层平面图、三层及三层以上的平面图等。当房屋中间若干层的平面布局、构造情况完全一致时，则可用一个建筑平面图并称之为标准层平面图表示。对于高层建筑，标准层平面图比较常见。此外，还有大样平面图、屋顶平面图等。

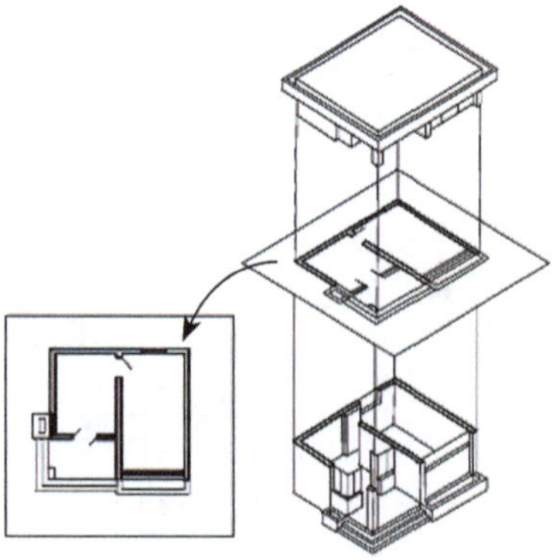

图 4-17

4.2.2 建筑平面图绘制规范

在绘制建筑平面图时，应遵循国家制定的相关规定，使绘制的图形更加符合规范。

一、比例、图名

绘制建筑平面图的常用比例有 1：50、1：100、1：200 等。实际工程中常用 1：100 的比例进行绘制。

建筑平面图下方注写图名，图名下方绘制一条短粗实线，右侧注写比例，比例字体的高度比图名小，如图 4-18 所示。

> **提示**：如果绘制标准层平面图，其图名及比例的标注如图 4-19 所示。

三层平面 字体高度=5 1:100 字体高度=3

图 4-18

三至七层平面图 1:100

图 4-19

二、图例

建筑平面图由于比例小，图中的卫生间、楼梯间、门窗等采用国标规定的图例来表示，而相应的详尽情况则另用较大比例的详图来表示。

建筑平面图的常见图例如图 4-20 所示。

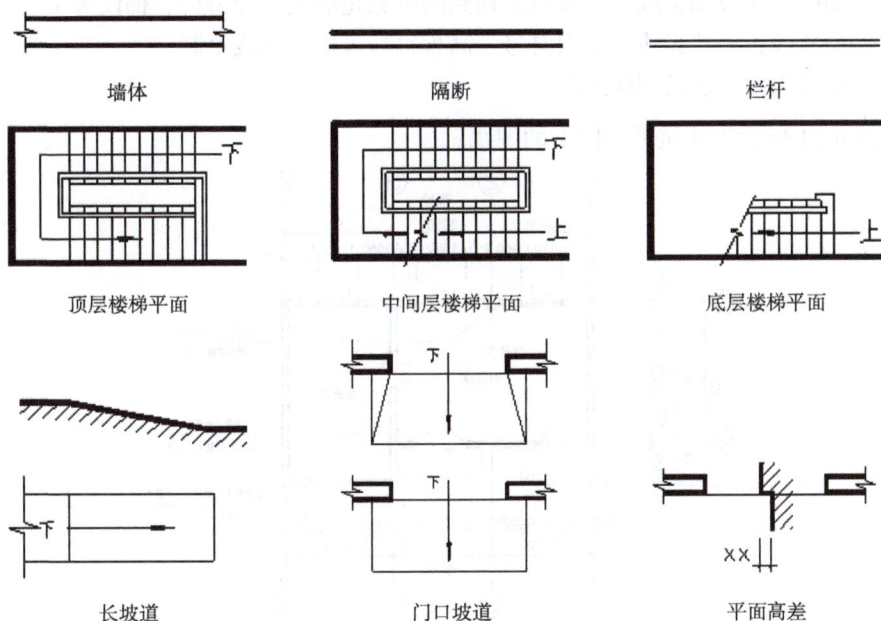

墙体　　　　　隔断　　　　　栏杆

顶层楼梯平面　　中间层楼梯平面　　底层楼梯平面

长坡道　　　　门口坡道　　　　平面高差

图 4-20

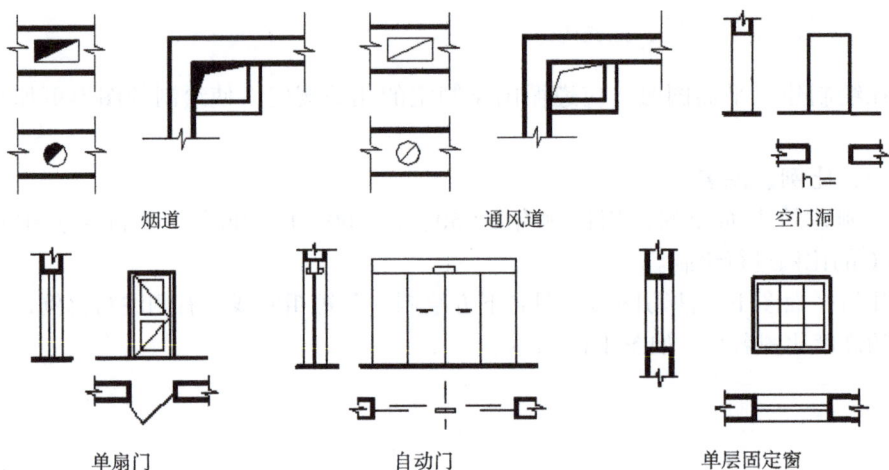

图 4-20（续）

三、图线

在工程制图中，图线的种类、粗细、颜色以及样式都必须符合相关标准和规范。这些标准（如 GB/T 50001—2017 和 GB/T 50103—2010 等）确保了工程图纸能够被准确地解读和理解。

以下是一些常见的图线类型及其用途。

- 用粗实线绘制被剖切到的墙、柱断面轮廓线。
- 用中实线或细实线绘制没有剖切到的可见轮廓线（如窗台、梯段等）。
- 尺寸线、尺寸界线、索引符号、高程符号等用细实线绘制。
- 轴线用细单点长划线绘制。

图 4-21 所示为建筑平面图中的图线。

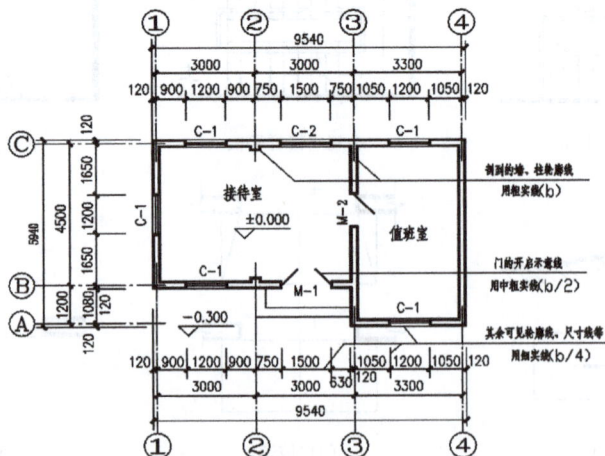

图 4-21

四、字体

建筑平面图中的汉字字体优先采用 Hztxt.shx 和 Hzst.shx；英文字体优先采用 Romans.shx、Simplex.shx 或 Txt.shx，具体标注按表 4-2 所示的规则执行。

表 4-2

用途	图纸名称	说明文字标题	标注文字	说明文字	总说明	标注尺寸
中英文	中文	中文	中文	中文	中文	英文
字型	St64f.shx	St64f.shx	Hztxt.shx	Hztxt.shx	St64f.shx	Romans.shx
字高	10mm	5mm	3.5mm	3.5mm	5mm	3mm
宽高比	0.8	0.8	0.8	0.8	0.8	0.7

五、尺寸标注

建筑平面图的标注包括外部尺寸、内部尺寸和标高。

- 外部尺寸：在水平方向和竖直方向各标注 3 道尺寸。
  第 1 道尺寸：标注房屋的总长、总宽尺寸，称为总尺寸。
  第 2 道尺寸：标注房屋的开间、进深尺寸，称为轴线尺寸。
  第 3 道尺寸：标注房屋外墙的墙段、门窗洞口等尺寸，称为细部尺寸。
- 内部尺寸：标出各房间长、宽方向的净空尺寸，墙厚尺寸及轴线之间的定位关系、柱子截面、房内部门窗洞口、门垛等细部尺寸。
- 标高：标注不同楼层地面、房间及室外地坪等标高，以米（m）为单位，精确到小数点后两位。

六、剖切符号

剖切位置线的长度一般为 6 ~ 10mm。投射方向线应与剖切位置线垂直，画在剖切位置线的同一侧，长度应短于剖切位置线，一般为 4 ~ 6mm。为了区分同一形体上的剖面图，在剖切符号上一般用字母或数字，并注写在投射方向线一侧。

七、详图索引符号

建筑平面图中的某一局部或构件如需另见详图，应以索引符号标出。索引符号由直径为 10mm 的圆和水平直径组成，圆及水平直径均以细实线绘制。详图的位置和编号应以详图符号表示。详图符号的圆应以直径为 14mm 的粗实线绘制。

八、引出线

引出线应以细实线绘制，一般采用水平方向的直线，或与水平方向成 30°、45°、60°、90° 角的直线，或经上述角度再折为水平线。文字说明应注写在水平线的上方，也可注写在水平线的端部。

九、指北针

指北针是用来指明建筑物朝向的。指北针的圆的直径一般为 24mm，用细实线绘制，指针尾部的宽度一般为 3mm，指针头部应标示【北】或【N】。如需用较大直径绘制指北针，指针尾部宽度一般为直径的 1/8。

十、高程

高程符号一般以细实线绘制的等腰直角三角形表示，其高度控制在 3mm 左右。在模型空间绘图时，等腰直角三角形的高度值应是 30mm 乘以出图比例的倒数。

高程符号的尖端指向被标注高程的位置。高程数字写在高程符号的延长线一端，以米（m）为单位，精确到小数点的后 3 位。零点高程应写成【±0.000】，正数高程不用加【+】，但负数高程应注上【-】。

十一、定位轴线及编号

确定房屋主要承重构件（墙、柱、梁）的位置及标注尺寸的基线称为定位轴线，如图 4-22 所示。

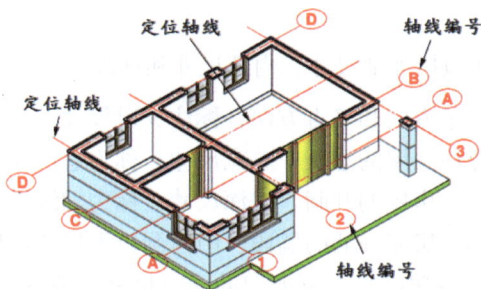

图 4-22

定位轴线用细单点长划线表示。定位轴线的编号注写在轴线端部的直径为 8～10mm 的细线圆内。

- 横向轴线：从左至右，用阿拉伯数字进行标注。
- 纵向轴线：从下向上，用大写拉丁字母进行标注。一般承重墙、柱及外墙编为主轴线，非承重墙、隔墙等编为附加轴线（又称为分轴线）。

图 4-23 所示为定位轴线的编号注写。

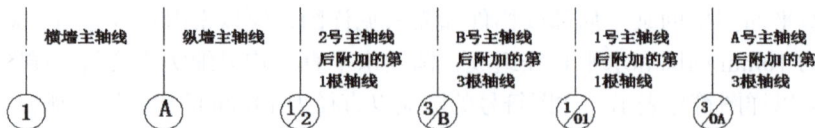

图 4-23

> ↘ **提示：** 在定位轴线的编号中，分数形式表示附加轴线编号。其中分子为附加编号，分母为前一轴线编号。1 或 A 轴前的附加轴线编号的分母为 01 或 0A。

为了让读者便于理解，下面用图形来表示定位轴线的编号形式。

定位轴线的分区编号如图 4-24 所示。圆形平面的定位轴线编号如图 4-25 所示。

折线形平面的定位轴线编号如图 4-26 所示。

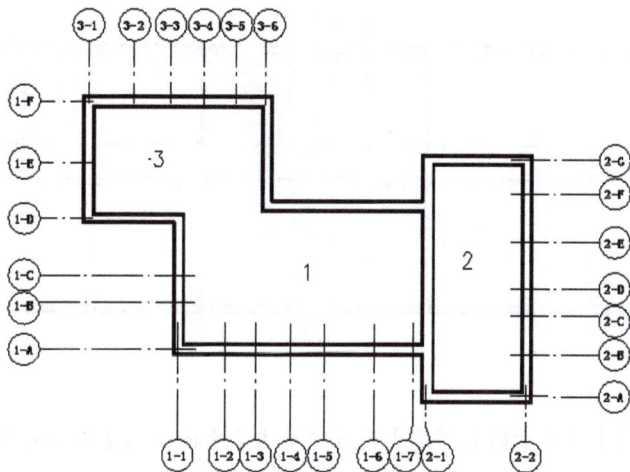

图 4-24

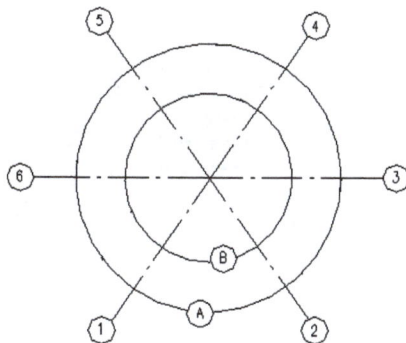

图 4-25

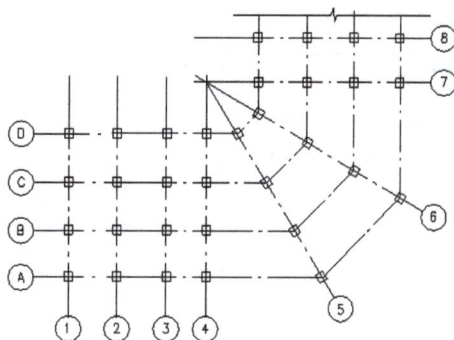

图 4-26

4.2.3 创建建筑平面图

在 Revit 中进行建筑平面图的图纸绘制时，建议将含有三维模型的平面视图进行复制，以便将二维图元（包括房间标注、尺寸标注、文字标注、注释等）信息绘制在新的建筑平面图中，进行统一管理。

> ↘ **提示**：在 Revit 中，平面视图（简称视图）和平面图的区别在于，平面视图是 Revit 中用于表达建筑模型在水平方向上的切面，也可称"楼层平面"或"结构平面"；平面图是在平面视图的基础上添加了尺寸、图形符号、图框及文字说明等信息后的称谓，是一种图纸类型。

下面以创建商务中心广场的第 5 层平面图为例，详解建筑平面图的制作步骤。

【例 4-3】创建建筑平面图。

1. 继续在【例 4-2】的基础上进行设计。切换视图为【楼层平面】项目节点下的 5F 楼层平面视图，如图 4-27 所示。

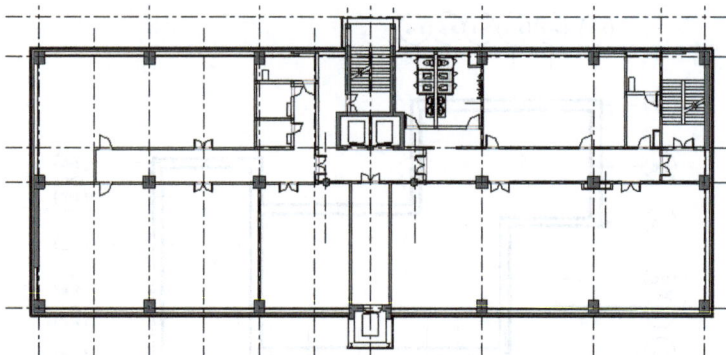

图 4-27

2．在【视图】选项卡的【创建】面板中单击【平面视图】下拉列表的下三角箭头，在展开菜单中单击【楼层平面】按钮，或者在【项目浏览器】选项板中右击要复制的 5F 视图，并选择快捷菜单中的【复制视图】/【带详图复制】命令，复制 5F 视图，如图 4-28 所示。

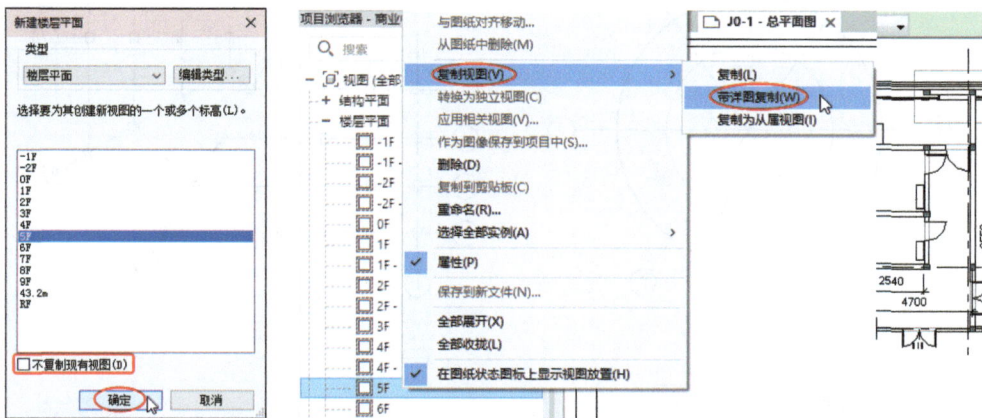

图 4-28

3．重命名复制的 5F 视图为 "5F-建筑平面图"，双击此视图名称切换到此视图中。

> ↘ **提示**：3 种不同的视图复制方法。
> - 复制：原有视图中仅有模型的几何形体会被复制。
> - 带详图复制：原有视图模型的几何形体，如墙体、楼板、门窗等，以及详图的几何形体都将被复制到新视图中。其中，详图的几何图形包括尺寸标注、注释、详图构件、详图线、重复详图、详图组和填充区域。
> - 复制为从属视图：通过这个命令创建的相关视图与主视图保持同步，在一个视图中进行的修改，所有视图都会反映此修改。

4. 利用【注释】选项卡的【尺寸标注】面板中的【对齐标注】工具，首先标注视图中的轴线，如图4-29所示。

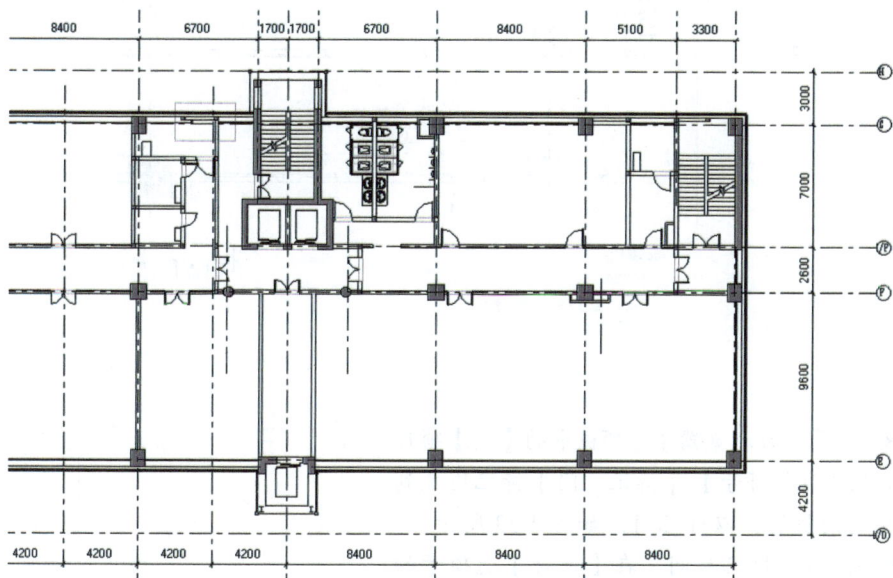

图 4-29

5. 接下来利用【对齐标注】工具，在选项栏中选择【整个墙】作为标注参照，并单击【选项】，在弹出的【自动尺寸标注选项】对话框中勾选【洞口】复选框，单击【确定】按钮，如图4-30所示。

6. 标注5F视图中的楼梯间、电梯间、阳台等内部结构，如图4-31所示。

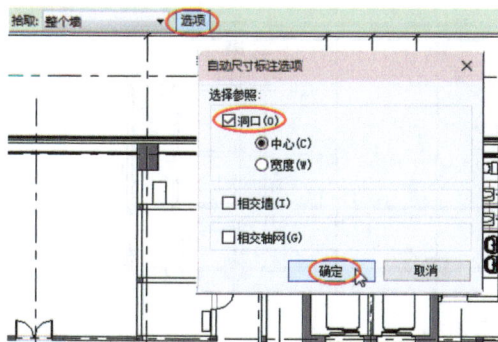

图 4-30

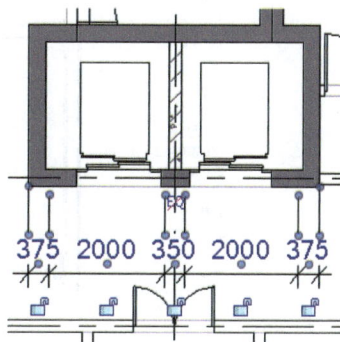

图 4-31

7. 利用【尺寸标注】面板中的【高程点】工具，在选项栏设置【相对于基面】为【1F】，设置【显示高程】为【顶部高程和底部高程】，然后在5F平面视图中添加高程点标注，如图 4-32 所示。

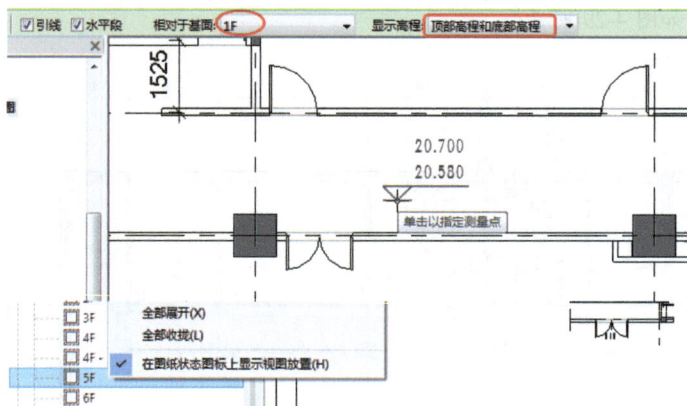

图 4-32

8. 将【项目浏览器】选项板中的【族】项目节点下的【注释符号】/【标记_门】标记拖曳到视图中的门位置，以标记门，如图 4-33 所示。

9. 接下来标记房间。在【建筑】选项卡的【房间和面积】面板中单击【房间】按钮，在选项栏上【房间】下拉列表中选择相应选项，设置房间名称为"办公室"，然后在 5F 平面视图中放置房间标记，如图 4-34 所示。继续完成其他房间的标记放置。

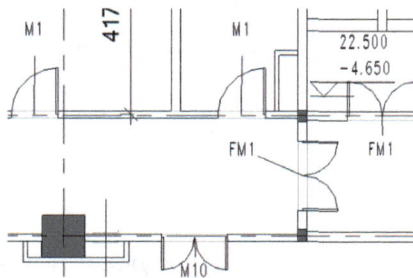

图 4-33

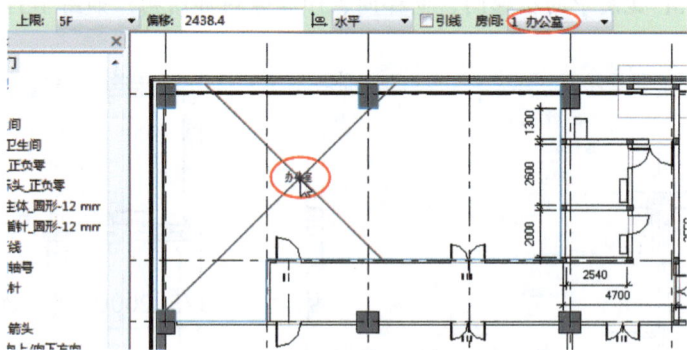

图 4-34

> ↘ **提示**：如果选项栏中没有要标记的房间名，可以新建房间，然后在【属性】选项板中设置房间名称，如图 4-35 所示。或者在视图中直接双击房间名称进行修改，如图 4-36 所示。

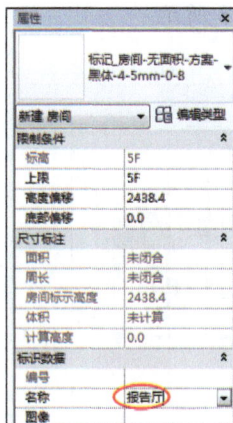

图 4-35

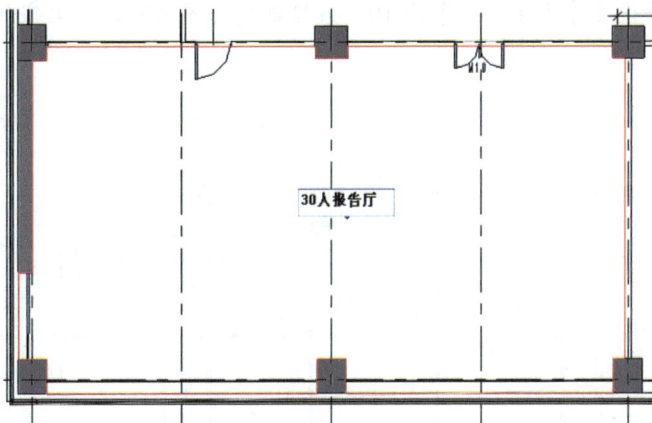

图 4-36

10. 将5F楼层平面视图中的多余轴线及编号删除，并调整轴线及编号（修改水平编号名称）的位置，如图4-37所示。

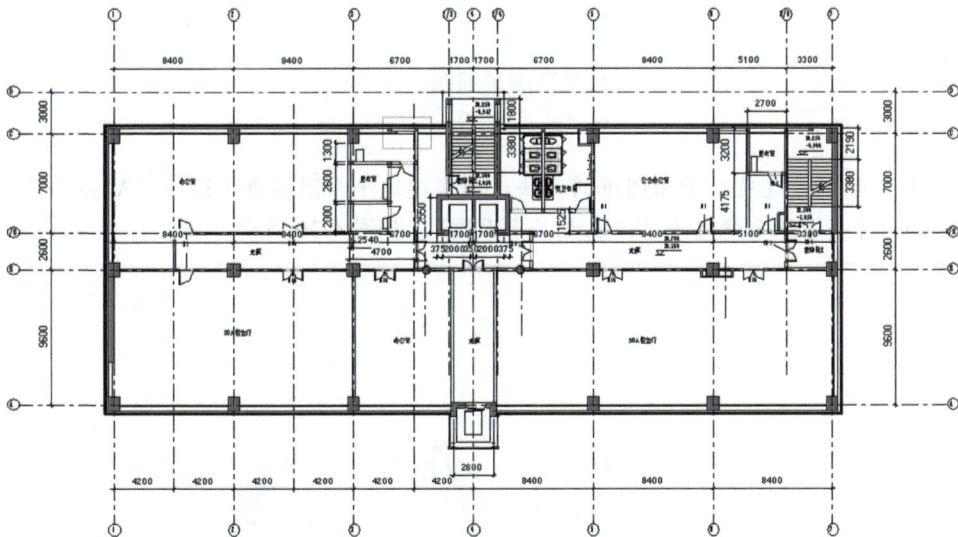

图 4-37

11. 利用【注释】选项卡的【文字】面板中的【文字】工具，在平面图下方输入文字"三至九层平面图"，在【属性】选项板中选择"黑体4.5mm"文字类型，通过【编辑类型】命令在【类型属性】对话框中单击【复制】按钮复制族类型，并重命名为"黑体15mm"，设置【文字大小】为15。同理，再利用【文字】工具输入文字"比例1:100"，在【属性】选项板中选择"黑体4.5mm"文字类型后，通过【编辑类型】命令在【类型属性】对话框中再次复制文字类型，重命名为"黑体10mm"，并设置【文字大小】为 10。最终创建的图名和比例文字如图 4-38 所示。

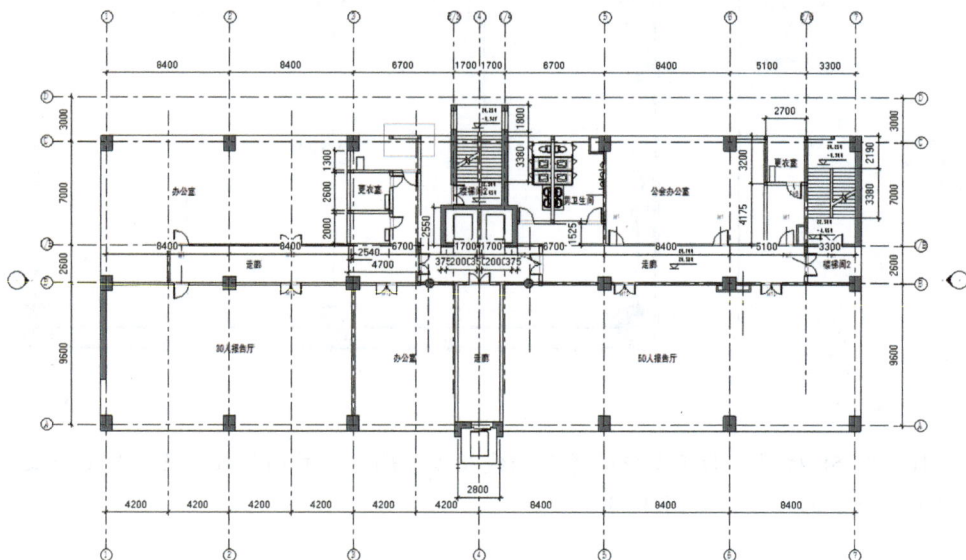

三至九层平面图　1:100

图 4-38

12. 按创建建筑总平面图纸的方法，创建建筑平面图图纸（选择"A1 公制"标题栏），并将图纸重命名为"三至九层平面图"，如图 4-39 所示。

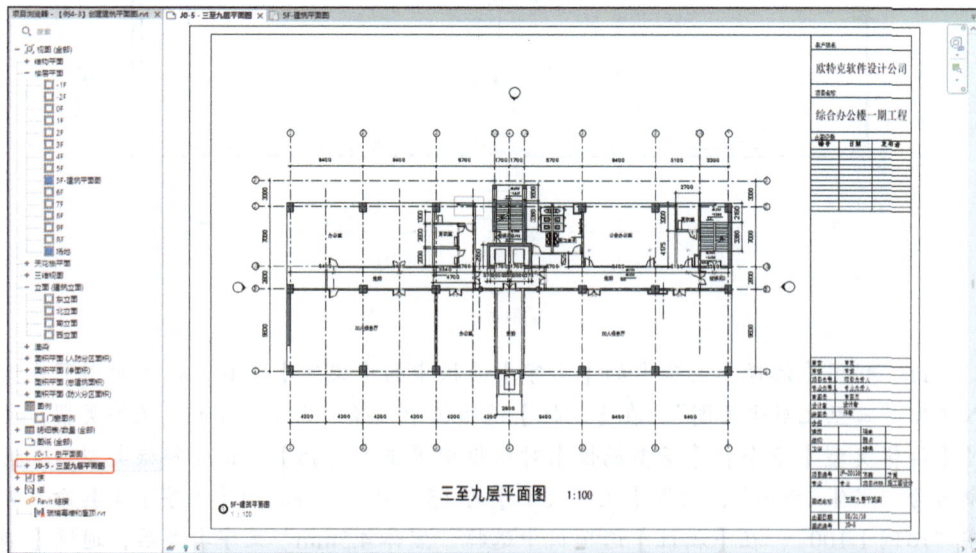

图 4-39

13. 保存项目文件。按此方法，还可以创建一层平面图和二层平面图。

4.3　建筑立面图设计

建筑立面图是指用正投影法对建筑的各个外墙面进行投影所得到的正投影图。与平面图一样，建筑的立面图也是表示建筑物的基本图样之一，它主要反映建筑物的立面形式和外观情况。

4.3.1　立面图的形成和内容

如图 4-40 所示，从房屋的 4 个方向投影所得到的正投影图，就是各方向立面图。

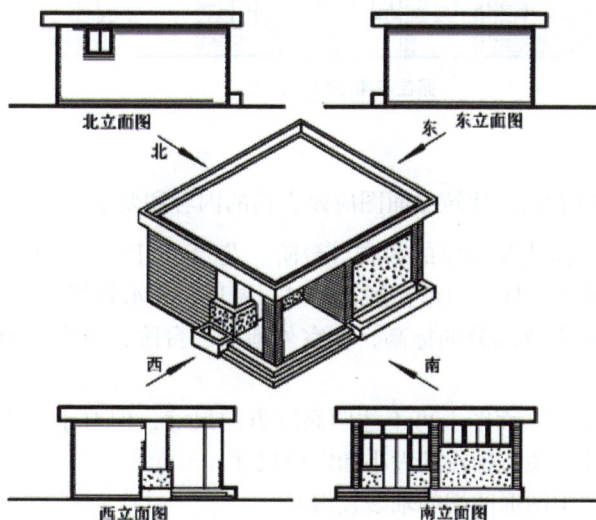

图 4-40

立面图也可用来表示室内立面形状（造型），如室内墙面、门窗、家具、设备等的位置、尺寸、材料和做法等内容的图样，是室内装修的主要依据。

立面图的命名方式有以下 3 种。

● 按各墙面的朝向命名：建筑物的某个立面面向哪个方向，就称为哪个方向的立面图，如东立面图、西立面图、西南立面图、北立面图等。
● 按墙面的特征命名：将反映建筑物的主要出入口或显著的外貌特征的那一面称为正立面图，其余立面图依次为背立面图、左立面图和右立面图。
● 用建筑平面图中轴线两端的编号命名：按照观察者面向建筑物从左到右的轴线顺序命名，如①-③立面图、ⓒ-ⓐ立面图等。

在施工图中，这 3 种命名方式都可使用，但每套施工图只能采用其中的一种方式命名。

图 4-41 所示为某住宅建筑的南立面图。

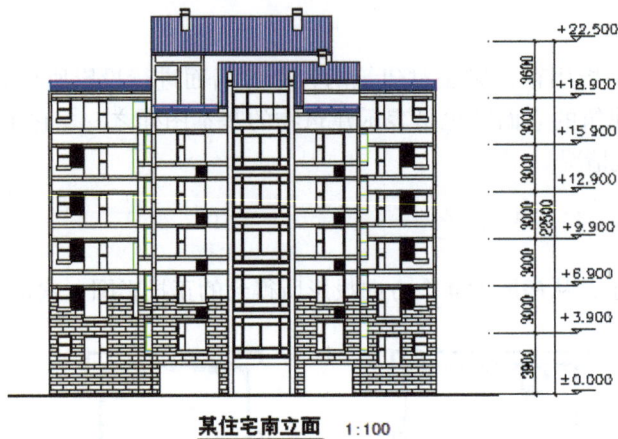

某住宅南立面　1:100

图 4-41

从图 4-41 可以看出，建筑立面图应该表达的内容和要求如下。

- 画出室外地面线及房屋的踢脚、台阶、花台、门窗、雨棚、阳台，以及室外的楼梯、外墙、柱、预留孔洞、檐口、屋顶、流水管等。
- 注明外墙各主要部分的标高，如室外地面、台阶、窗台、阳台、雨棚、屋顶等处的标高。
- 一般情况下，立面图上可不注明高度方向尺寸，但对于外墙预留孔洞，除注明标高尺寸，还应标注其大小和定位尺寸。
- 标注立面图中图形两端的轴线及编号。
- 标出各部分构造、装饰节点详图的索引符号。用图例或文字说明装修材料及方法。

4.3.2　创建建筑立面图

与平面视图一样，立面视图也是 Revit 自动创建的。在立面视图的基础上进行尺寸标注、文字注释、外立面轮廓编辑等图元设计后再创建图纸，即可完成建筑立面图的创建。

【例 4-4】创建建筑立面图。

1. 继续在【例 4-3】基础上进行设计。在【项目浏览器】选项板中带详图复制"北立面图"视图，并将其重新命名为"北立面 - 建筑立面图"。

2. 切换到"北立面 - 建筑立面图"视图。在状态栏中单击【显示裁剪区域】按钮，显示立面图中的裁剪边界线，如图 4-42 所示。

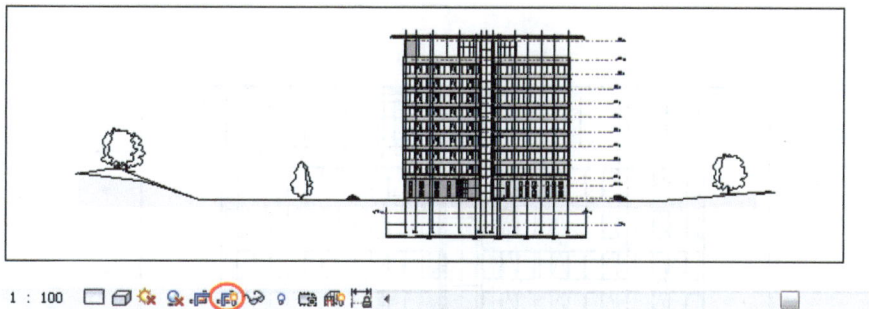

图 4-42

3. 选中裁剪边界线，激活【修改 | 视图】上下文选项卡。单击【编辑裁剪】按钮 ，然后修改裁剪区域，编辑边界，如图 4-43 所示。

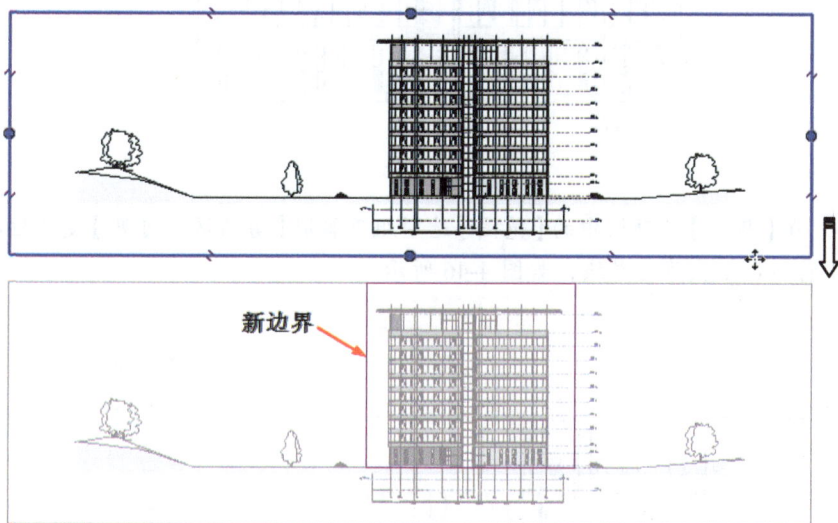

新边界

图 4-43

4. 单击【编辑完成模式】按钮 ，退出修改操作，编辑区域的结果如图 4-44 所示。

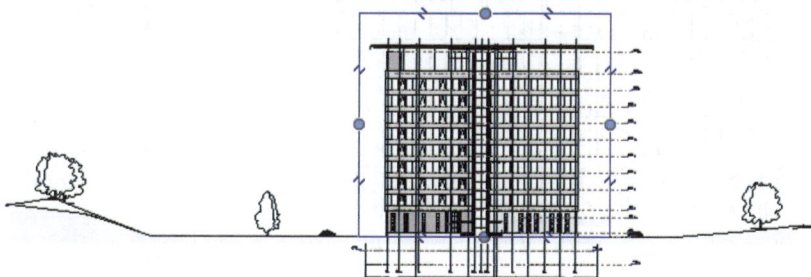

图 4-44

5. 在状态栏中单击【裁剪视图】按钮 ，剪裁视图，结果如图 4-45 所示。

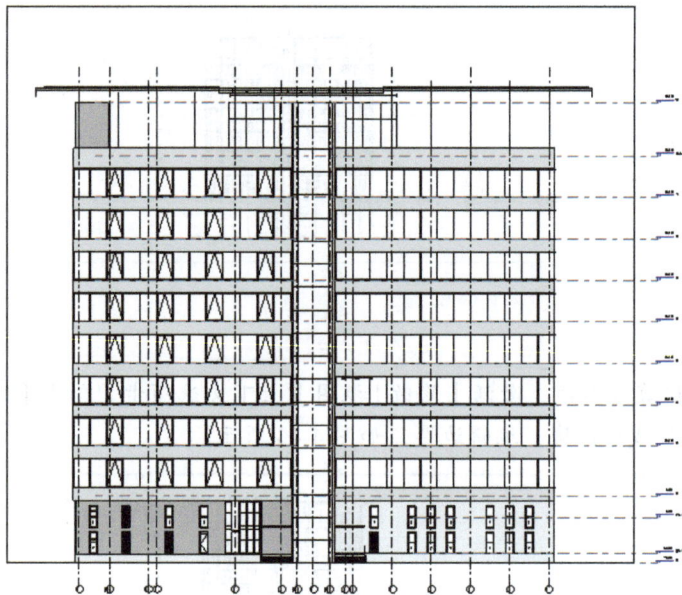

图 4-45

6. 在【属性】选项板中的【范围】选项组下取消【剪裁区域可见】复选框的勾选，视图中将不显示裁剪边界线，如图 4-46 所示。

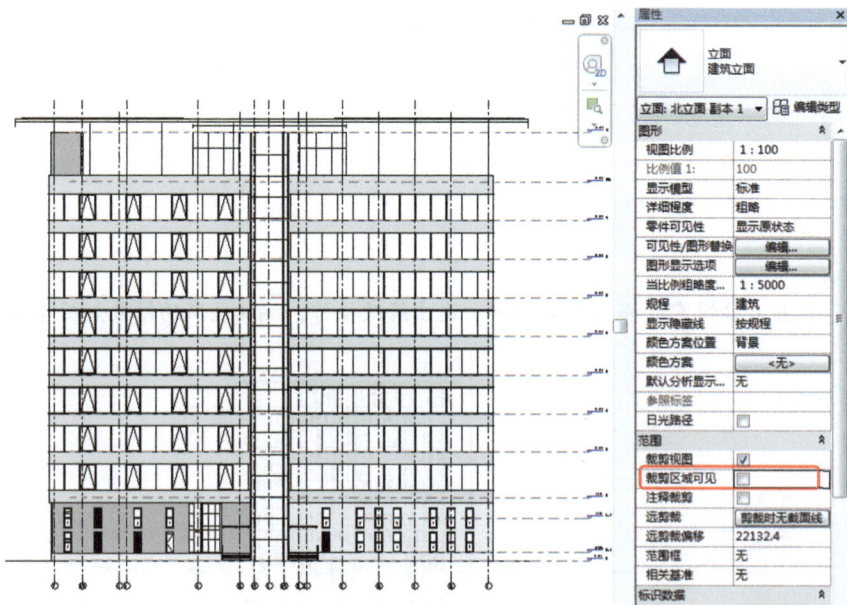

图 4-46

7. 利用【对齐标注】工具，标注纵向轴线尺寸和楼层标高尺寸，如图 4-47 所示。

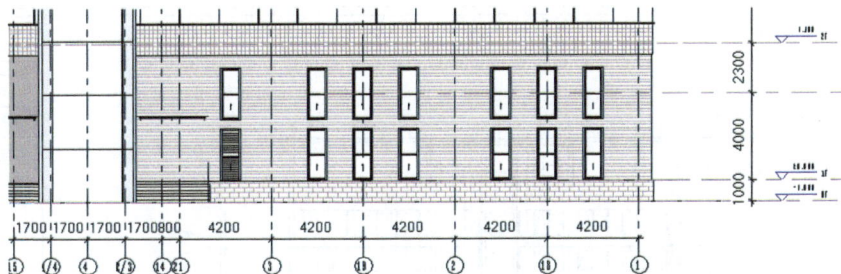

图 4-47

8. 在【注释】选项卡的【标记】面板中单击【材质标记】按钮，然后在图上标注玻璃、不锈钢、铝嵌板等材质，如图 4-48 所示。

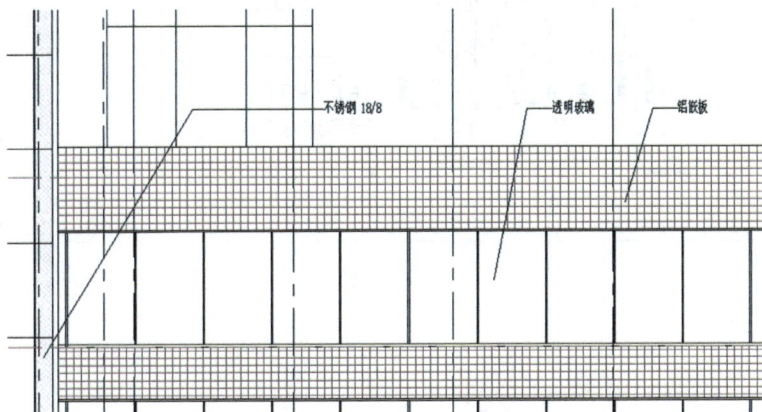

图 4-48

9. 利用【文字】工具，注写建筑立面图的名称和比例，如图 4-49 所示。

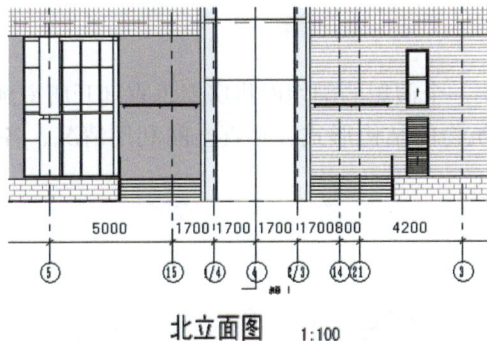

北立面图 1:100

图 4-49

10. 同理，再按照创建建筑平面图图纸的方法创建建筑立面图图纸（使用"A0 公制"标题栏），如图 4-50 所示。

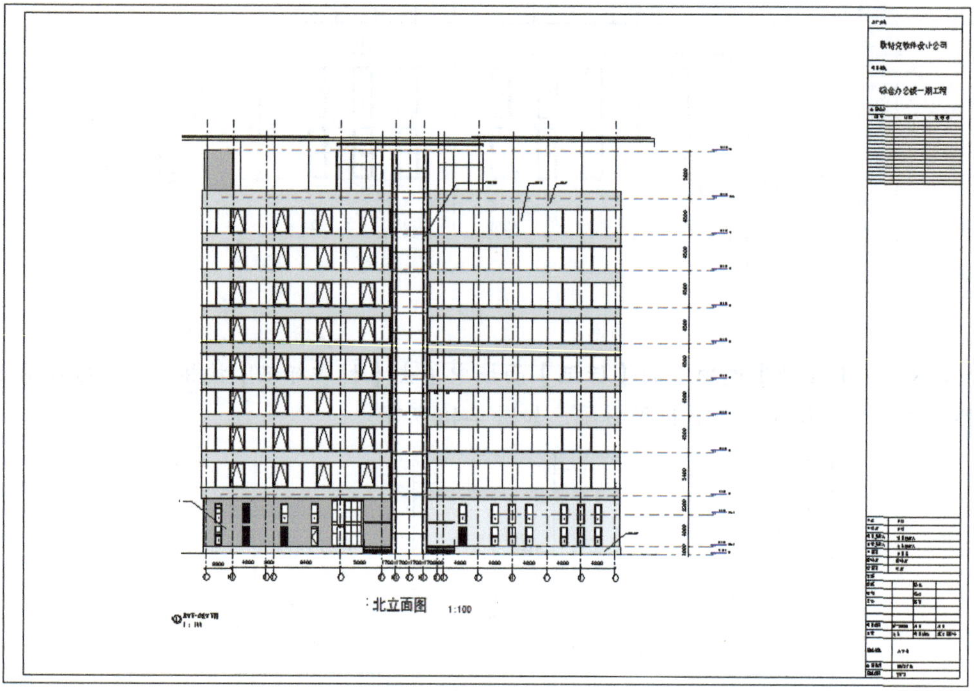

图 4-50

4.4　建筑剖面图设计

建筑剖面图是与建筑平面图和建筑立面图相互配合来表示建筑物的重要图样。

4.4.1　建筑剖面图的形成与作用

建筑剖面图是指用一个假想的剖切面将房屋垂直剖开所得到的投影图，如图 4-51 所示。它主要反映建筑物的结构形式、垂直空间利用情况、各层构造方法和门窗洞口高度等情况。

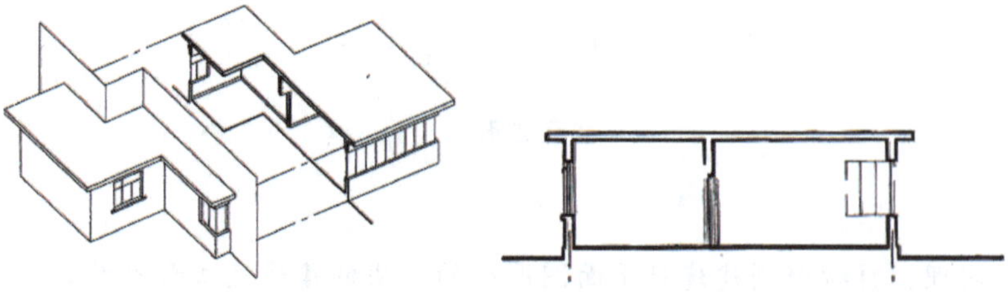

图 4-51

《房屋建筑制图统一标准》（GB/T 50001—2017）规定，建筑剖面图的剖切部位应根据图纸的用途或设计深度而定，一般在平面图上选择空间复杂且能反映建筑全貌、构造特征以及有代表性的部位进行剖切。

剖切后的投射方向一般向左、向上，当然也要根据工程情况而定。剖切符号标在底层平面图中，短线的指向为投射方向。剖面图编号标在投射方向一侧。剖切线若有转折，应在转角的外侧加注与该符号相同的编号。

4.4.2 创建建筑剖面图

Revit 中的剖面视图不需要一一绘制，只需要绘制剖面线就自动生成剖面视图，并可以根据需要任意剖切。

【例 4-5】创建建筑剖面图。

1. 继续在【例 4-4】的基础上设计。切换到 1F 楼层平面视图。

2. 在【视图】选项卡的【创建】面板中单击【剖面】按钮◇，然后在 1F 平面视图中以直线的方式放置剖面符号，如图 4-52 所示。

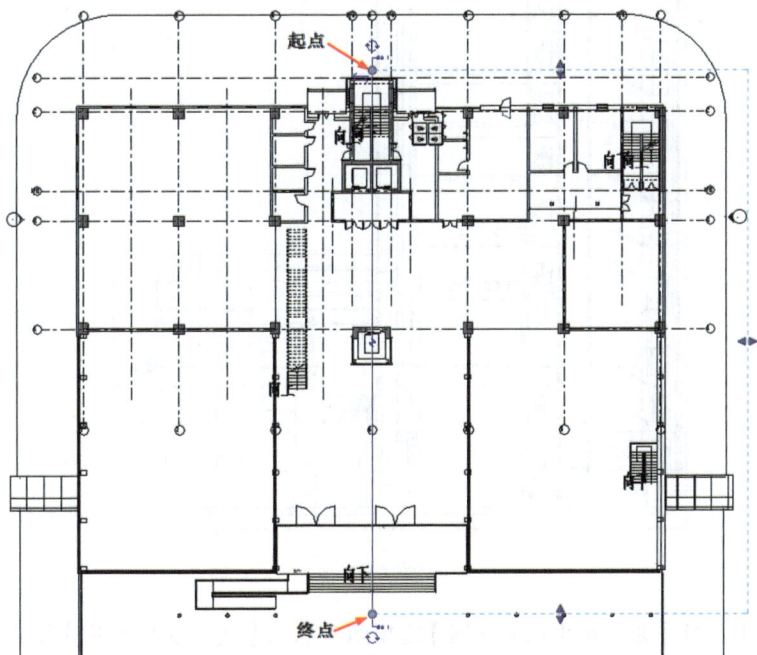

图 4-52

> ↘ **提示**：一般的剖面图最需要表示的就是建筑中的楼梯间、电梯间、消防通道、门窗门洞等剖面情况。

3.　随后在【项目浏览器】选项板中自动创建【剖面】项目，其节点下自动生成名为"剖面 1"的剖面视图，如图 4-53 所示。

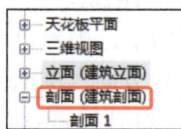

图 4-53

4.　双击"剖面 1"剖面视图，激活该视图，如图 4-54 所示。

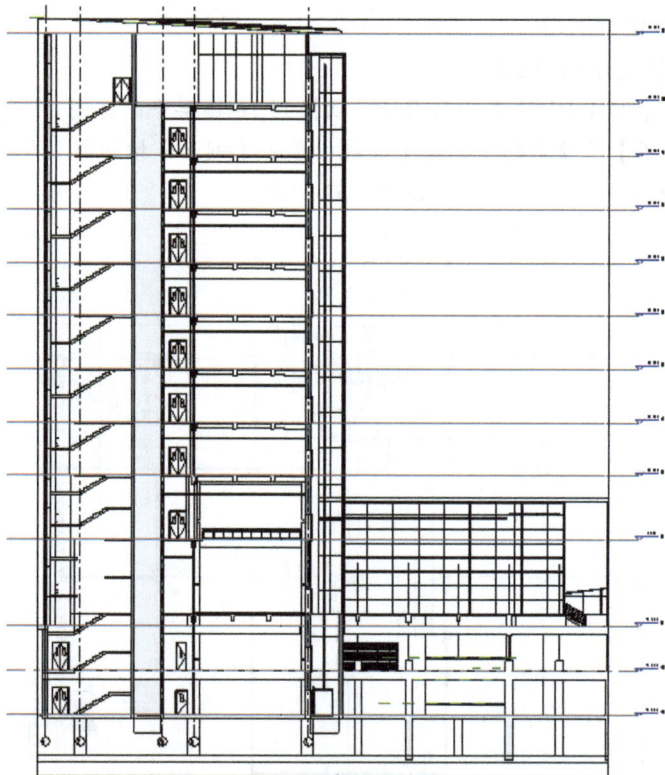

图 4-54

5.　在【属性】选项板中的【范围】选项组下取消【裁剪区域可见】复选框的勾选。选中纵向轴线并将其拖动到视图的最下方，如图 4-55 所示。

6.　利用【对齐标注】工具，标注轴线和标高，如图 4-56 所示。

7.　利用【注释】选项卡中【尺寸标注】面板的【高程点】工具，在各层楼梯间的楼梯平台上标注高程点，如图 4-57 所示。

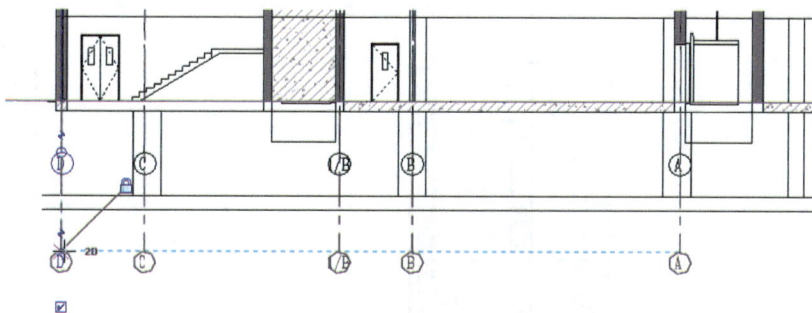

图 4-55

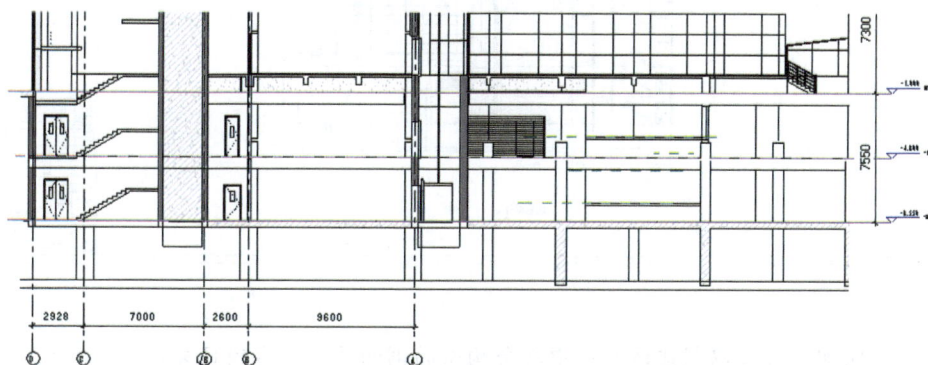

图 4-56

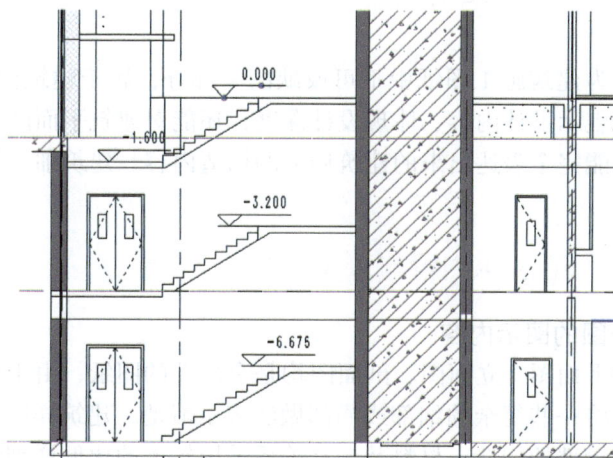

图 4-57

8. 利用【文字】工具注写"剖面图-1　比例 1:100",然后创建剖面图图纸(使用"A0 公制"标题栏),如图 4-58 所示。

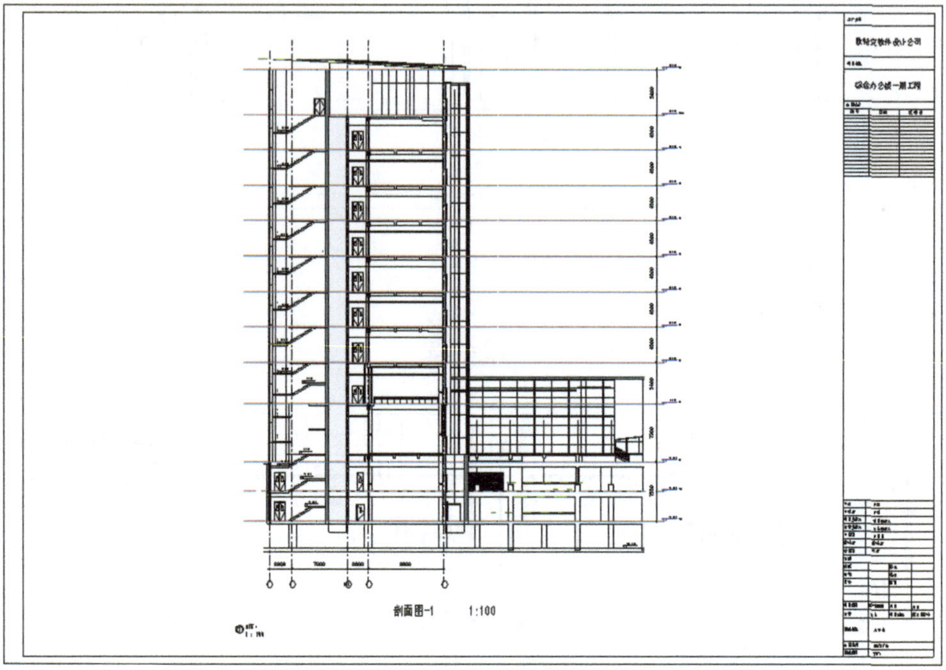

图 4-58

9.　同理，还可以创建该建筑中其余构造的剖面图。保存项目文件。

4.5　建筑详图设计

建筑详图作为建筑施工图纸中不可或缺的一部分，属于建筑构造的设计范畴。建筑详图不仅能表示设计内容、体现设计深度，还能对建筑平面图、立面图、剖面图因图幅关系未能完全表达出来的建筑局部的构造内容、建筑细部的处理手法进行补充和说明。

4.5.1　建筑详图的图示内容与分类

一、建筑详图的图示内容

前面介绍的平面图、立面图、剖面图均是全局性的图纸，由于比例的限制，这些设计图不可能将一些复杂的细部或局部做法表示清楚。建筑详图（也称详图）能够将这些细部、局部的构造、材料及相互关系采用较大的比例详细绘制出来，以指导施工。

对于建筑的局部平面（如厨房、卫生间）进行放大绘制的图形，习惯叫作放大图（或大样图）；对于建筑的构件进行详细绘制的图形，习惯叫作构件详图（或节点详图）。需要绘制详图的位置一般有室内外墙节点、楼梯、电梯、厨房、卫生间、门窗、室内外装饰等。

图 4-59 所示为房屋建筑中使用详图表示的部位。

图 4-60 所示为某公共建筑的墙身详图。从图中可以看出，建筑详图主要包括以下图示内容。

- 详图的名称与比例。
- 详图的符号及编号，如要另画详图，还要标注所引出的索引符号。
- 建筑构件的形状规格及其他构配件的详细构造、层次、尺寸和材料图例等。
- 各部位和各个层次的用料、做法、颜色以及施工要求等。
- 定位轴线、编号及标高。

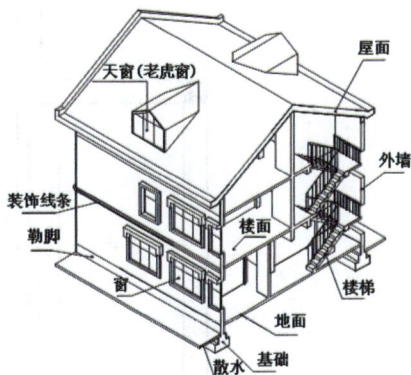

图 4-59

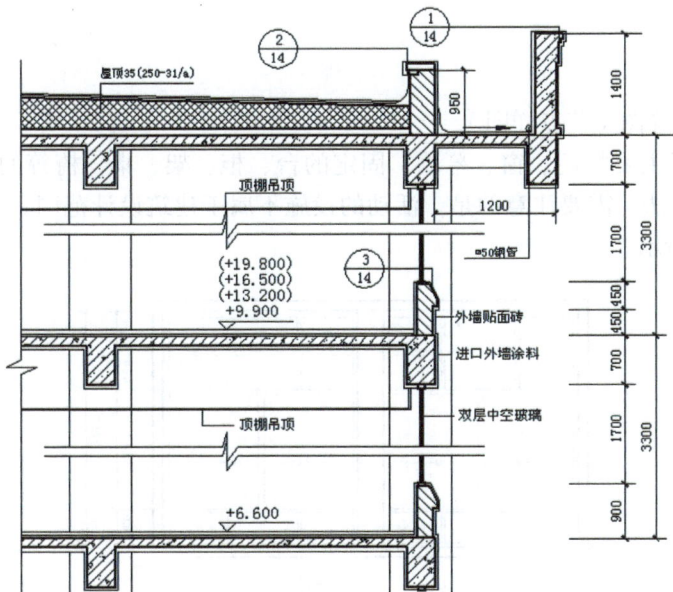

图 4-60

二、建筑详图的分类

建筑详图是整套施工图中不可缺少的部分，主要分为以下 3 类。

（1）局部构造详图（放大图或大样图）。

局部构造详图指屋面、墙身、墙身内外装饰面、吊顶、地面、地沟、地下工程防水、楼梯等建筑部位的用料和构造方法。图 4-61 所示为卫生间的放大图。

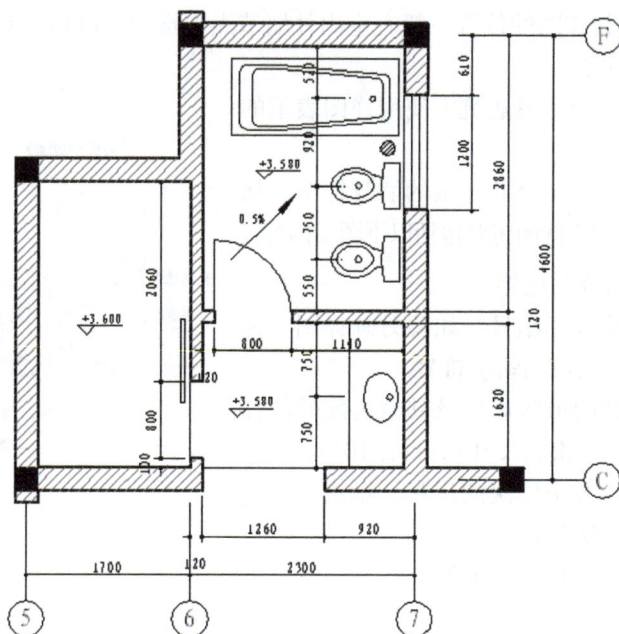

图 4-61

（2）构件详图（节点详图）。

构件详图主要指门、窗、幕墙，固定的台、柜、架、桌、椅等的用料、形式、尺寸和构造方法。需要注意的是，活动的设施不属于建筑设计范围。门窗的构件详图如图 4-62 所示。

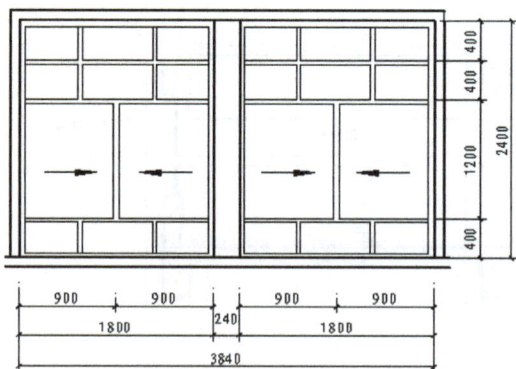

图 4-62

（3）装饰构造详图（节点详图）。

装饰构造详图是指为了美化室内外环境和视觉效果，在建筑物上所做的艺术处理，如花格窗、柱头、壁饰，地面图案的花纹、用材、尺寸和构造方法等。

4.5.2 创建建筑详图

Revit 中有两种建筑详图的设计工具：详图索引和绘图视图。

- 详图索引：截取平面视图、立面视图或剖面视图中的部分区域，并进行更精细地绘制，提供更多的细节。在【视图】选项卡的【创建】面板中选择【详图索引】下拉列表中的【矩形】或【草图】选项，如图 4-63 所示。然后选取大样图的截取区域，从而创建新的详图视图，进一步细化。

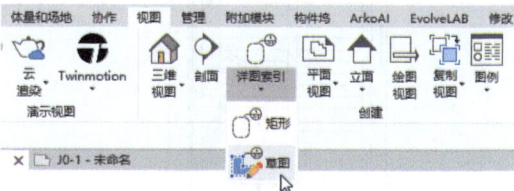

图 4-63

- 绘图视图：与已经绘制的建筑模型无关，在空白的详图视图中运用详图绘制工具进行操作。单击【视图】选项卡的【创建】面板中的【绘制视图】按钮 📄，就可以创建详图视图。

【例 4-6】创建建筑详图。

1. 继续在【例 4-5】的基础上设计。切换视图为"5F-建筑平面图"楼层平面视图。

2. 在【视图】选项卡的【创建】面板中选择【详图索引】/【矩形】命令，在视图中最右侧的楼梯间位置绘制矩形，如图 4-64 所示。

3. 随后在【项目浏览器】选项板中的【楼层】项目节点下自动创建了名为"5F-建筑平面图-详图索引1"的新平面视图，如图 4-65 所示。

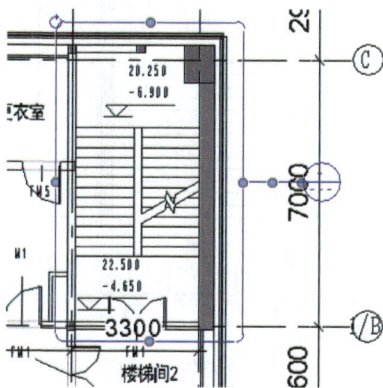

图 4-64

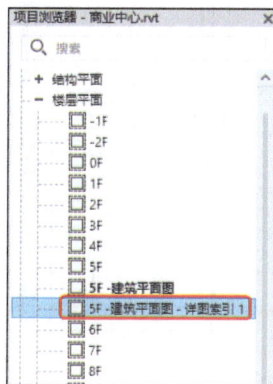

图 4-65

4. 双击打开"5F-建筑平面图-详图索引1"平面视图，如图 4-66 所示。

5. 接着在【属性】选项板中的【标识数据】选项组下设置【视图样板】为【楼梯_平面大样】，使用视图样板后的效果如图 4-67 所示。

6. 利用【对齐标注】工具和【高程点】工具标注视图，如图 4-68 所示。

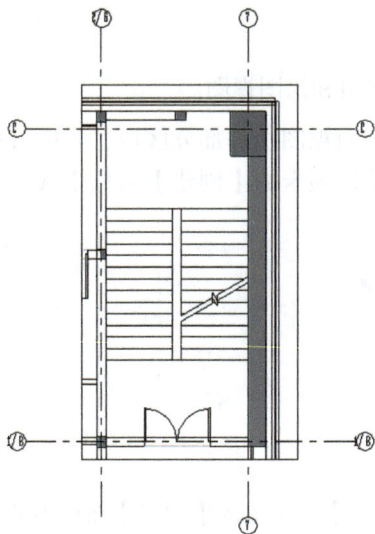

图 4-66

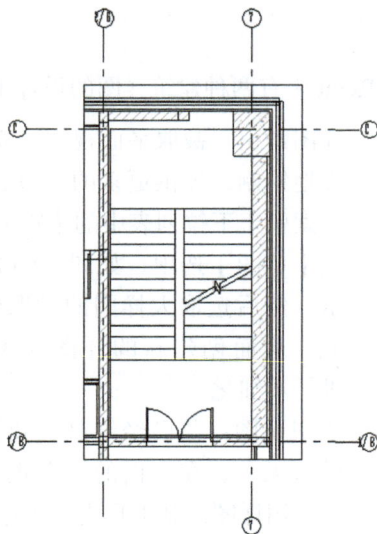

图 4-67

7．添加门标记，并利用【文字】工具注写"楼梯间大样图　比例 1:50"，字体大小为 8mm，如图 4-69 所示。

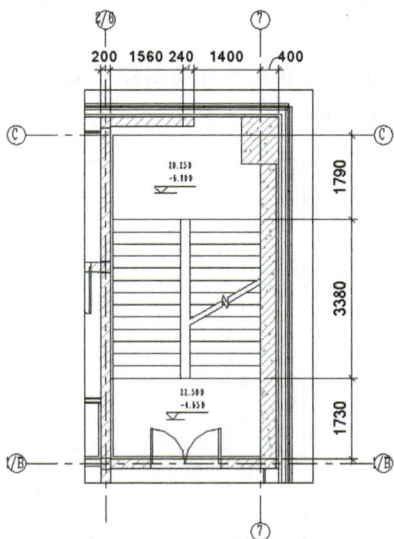

图 4-68

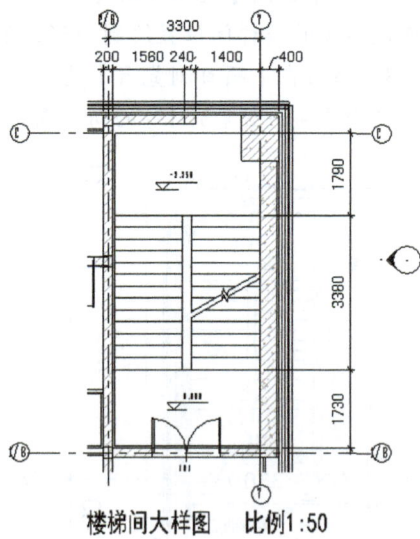

楼梯间大样图　比例1:50

图 4-69

💊 **提示**：如果注写的文字看不见，可在【属性】选项板中取消【裁剪区域可见】和【注释裁剪】复选框的勾选，如图 4-70 所示。

8．创建图纸（选择"修改通知单"标题栏），如图 4-71 所示。

图 4-70

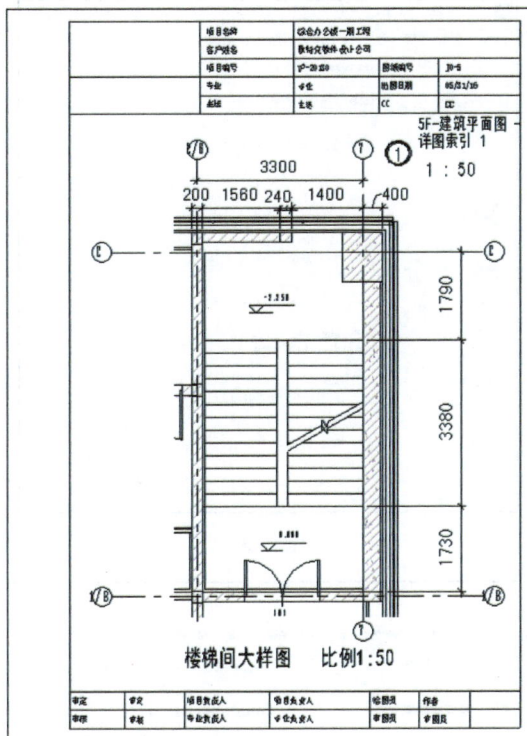

图 4-71

> **提示**：如果图纸容不下视图，可以在视图中调整轴线位置、文字位置，直至放下图纸为止。

9. 保存项目文件。

4.6 图纸导出与打印

各类图纸设计完成后，可以通过打印机将图纸视图打印为图像，或将指定的视图、图纸视图导出为 CAD 文件，以便利用设计成果。

4.6.1 导出文件

在 Revit 中完成所有图纸的设计后，可以将生成的文件导为 DWG 格式的 CAD 文件，供其他用户使用。

要导出 DWG 格式的 CAD 文件，首先要对 Revit 及 DWG 之间的映射格式进行设置。

【例 4-7】导出文件。

1. 继续在【例 4-6】的基础上进行操作。在【文件】菜单中选择【导出】/【选项】/【导出设置 DWG/DXF】命令，如图 4-72 所示。打开【修改 DWG/DXF 导出设置】对话框，如图 4-73 所示。

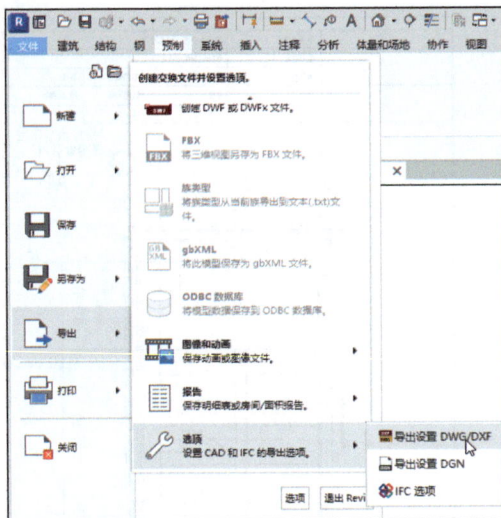

图 4-72

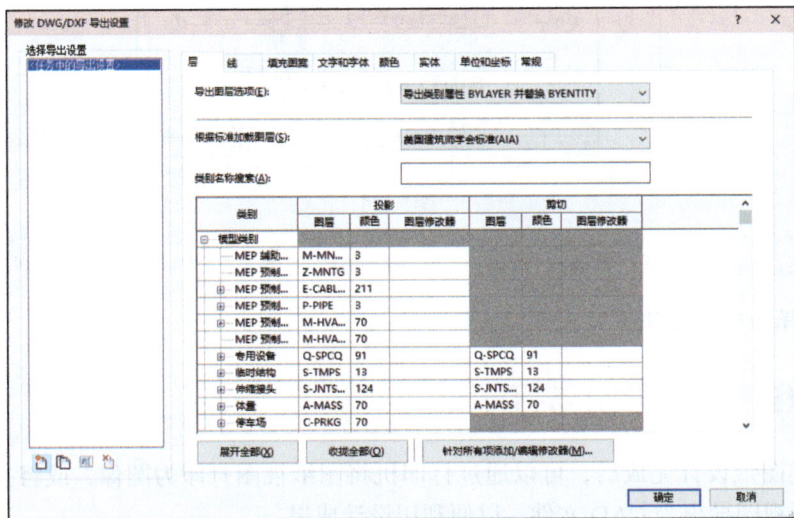

图 4-73

> ↘ **提示**：由于在 Revit 中使用构建类别的方式管理对象，而在 DWG 图纸中使用图层的方式进行管理。因此，必须在【修改 DWG/DXF 导出设置】对话框中对构建类别以及 DWG 当中的图层进行映射设置。

2. 单击对话框左下角的【新建导出设置】按钮 ，在弹出的【新的导出设置】对话框中创建新的导出设置，单击【确定】按钮，如图 4-74 所示。

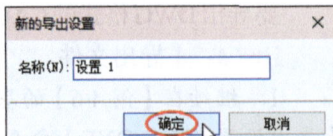

图 4-74

3. 在【层】选项卡中选择【根据标准加载图层】下拉列表中的【从以下文件加载设置】选项。在打开的【根据标准加载图层】对话框中单击【是】按钮，打开【载入导出图层文件】对话框，如图 4-75 所示。

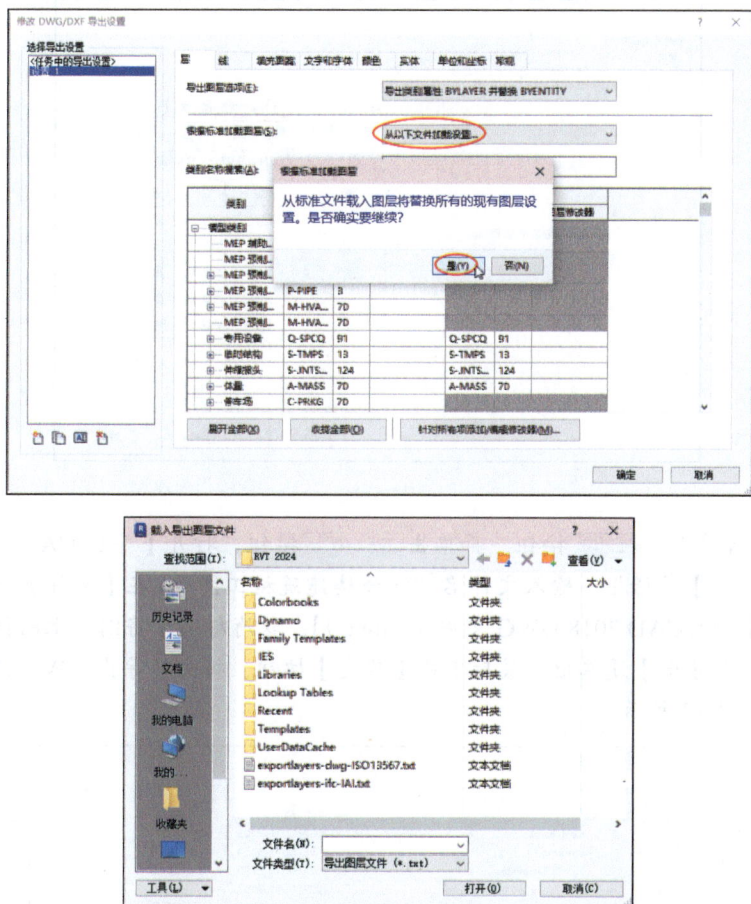

图 4-75

4. 选择源文件夹中的 exportlayers-dwg-layer.txt 文件，单击【打开】按钮打开此输出图层的配置文件。exportlayers-dwg-layer.txt 文件中记录了从 Revit 类型导出为天正格式的 DWG 图层的设置。

> ↘ **提示**：在【修改 DWG/DXF 导出设置】对话框中，还可以对【线】、【填充图案】、【文字和字体】、【颜色】、【实体】、【单位和坐标】及【常规】选项卡中的选项进行设置，这里不再——介绍。

5. 单击【确定】按钮，完成 DWG/DXF 的映射选项设置，接下来即可将图纸导出为 DWG 格式的文件。

6. 在【文件】菜单中选择【导出】/【CAD 格式】/【DWG】命令，在打开的【DWG

导出】对话框中，设置【选择导出设置】下拉列表中的选项为刚刚创建的【设置 1】，设置【导出】为【<任务中的视图 / 图纸集>】选项，再设置【按列表显示】为【模型中的图纸】，如图 4-76 所示。

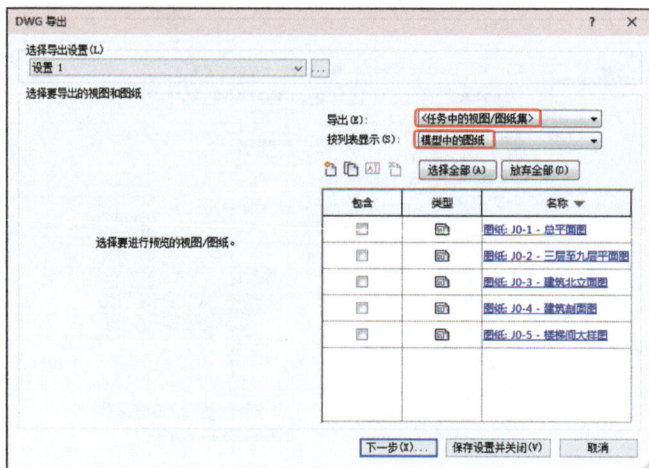

图 4-76

7. 接着单击 选择全部(A) 按钮，再单击 下一步(X)... 按钮，打开【导出 CAD 格式 - 保存到目标文件夹】对话框。输入文件名"综合楼建筑施工图"，在【文件类型】下拉列表中选择【AutoCAD 2018 DWG 文件（*.dwg）】，取消勾选【将图纸上的视图和链接作为外部参照导出】复选框，最后单击【确定】按钮，将文件导出 DWG 格式的图纸文件，如图 4-77 所示。

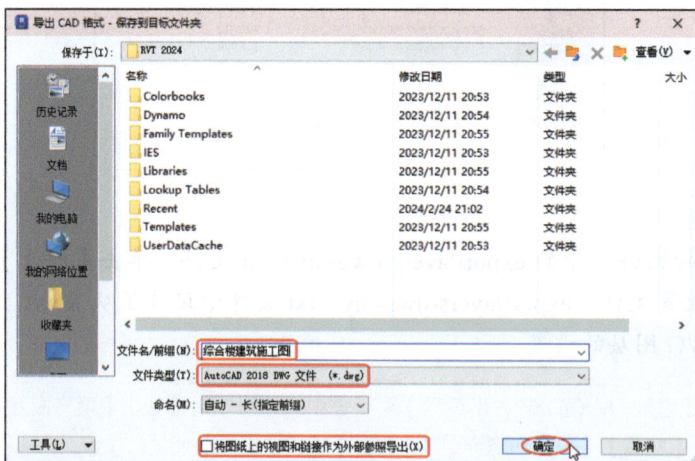

图 4-77

8. 这时，打开 DWG 格式文件所在的文件夹，双击其中一个 DWG 格式的文件即可在 AutoCAD 中将其打开，并进行查看与编辑，如图 4-78 所示。

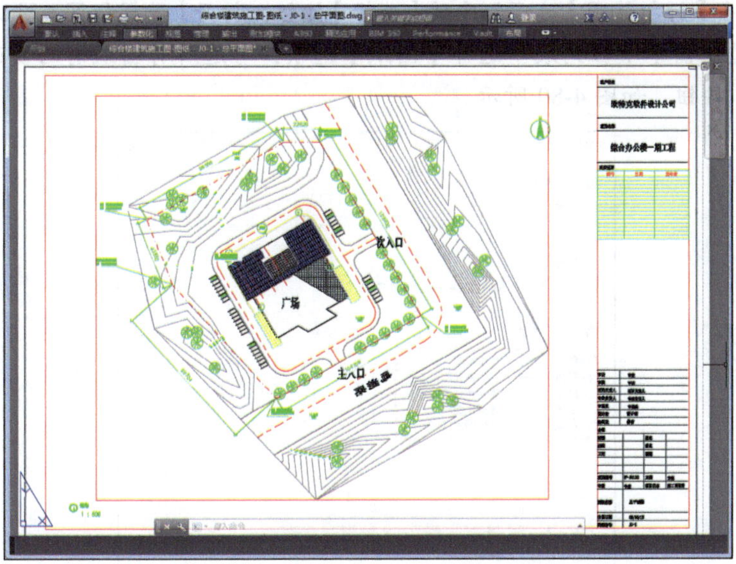

图 4-78

4.6.2　图纸打印

图纸设计完成后，除了能够将其导出为 DWG 格式的文件外，还能够将其打印成图纸，或者打印成 PDF 格式的文件，以供用户查看。

【例 4-8】打印图纸。

1. 在【文件】菜单中选择【打印】/【打印】命令，打开【打印】对话框。

2. 选择【名称】下拉列表中的【Adobe PDF】选项，设置打印机为 PDF 虚拟打印机；选中【将多个所选视图/图纸合并到一个文件】单选项；选中【所选视图/图纸】单选项，如图 4-79 所示。

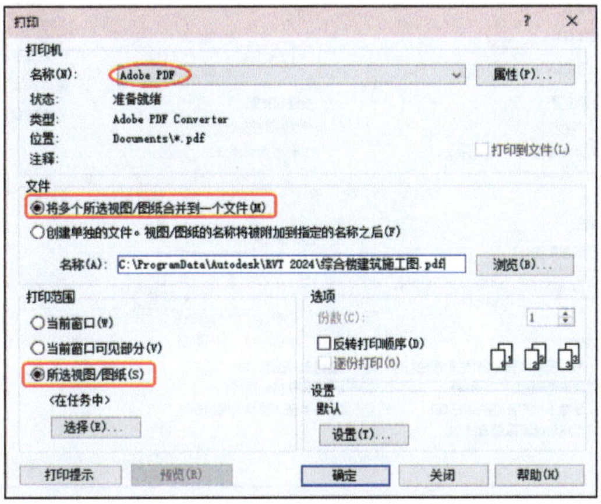

图 4-79

3. 单击【打印范围】选项组中的【选择】按钮，打开【选择视图/图纸】对话框。在【显示过滤器】下拉列表中选择【图纸】选项，勾选所有图纸前的复选框，并单击【确定】按钮，如图 4-80 所示。

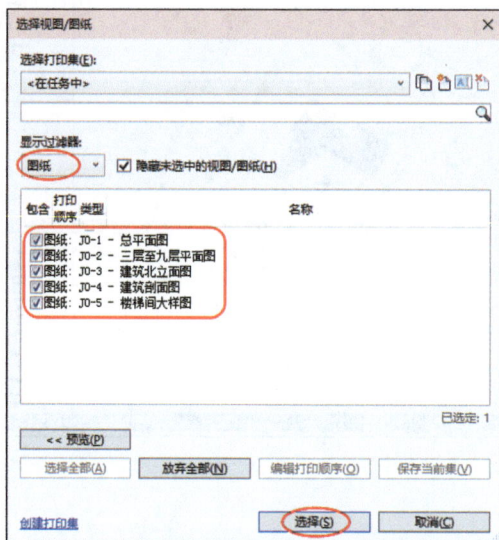

图 4-80

4. 在【打印】对话框中单击【设置】选项组中的【设置】按钮，打开【打印设置】对话框。设置图纸【尺寸】为 A0，选中【从角部偏移】单选项和【缩放】单选项，单击【另存为】按钮，在弹出的【新】对话框中将该配置保存为 Adobe PDF_A0，单击【确定】按钮，如图 4-81 所示，再单击【打印设置】对话框中的【确定】按钮，返回【打印】对话框。

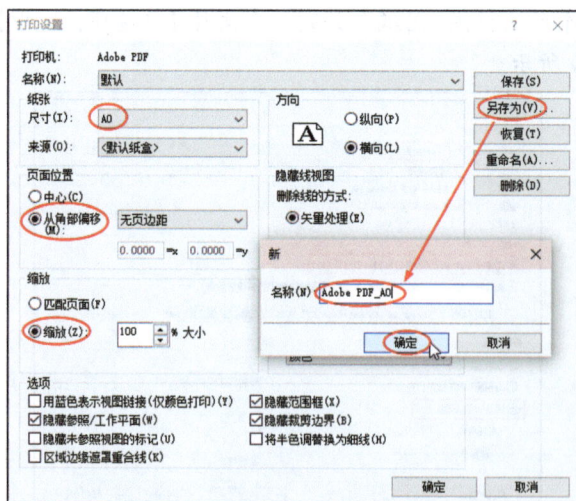

图 4-81

5. 单击【打印】对话框中的【确定】按钮，在打开的【另存 PDF 文件为】对话框中设置【文件名】后，单击【保存】按钮创建 PDF 文件，如图 4-82 所示。

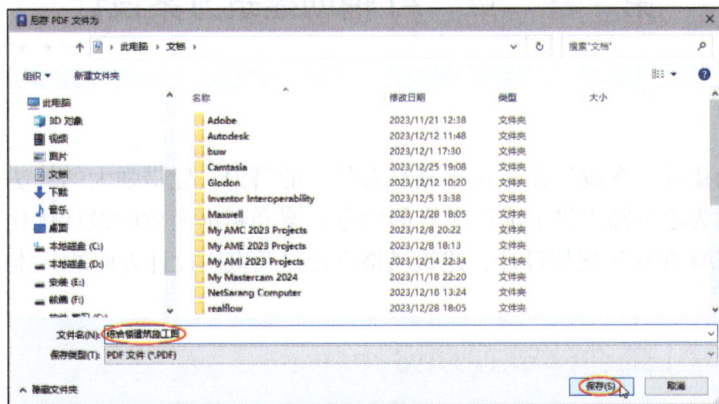

图 4-82

6. 在保存的文件夹中打开 PDF 文件，即可在 PDF 文件中查看施工图的效果，如图 4-83 所示。

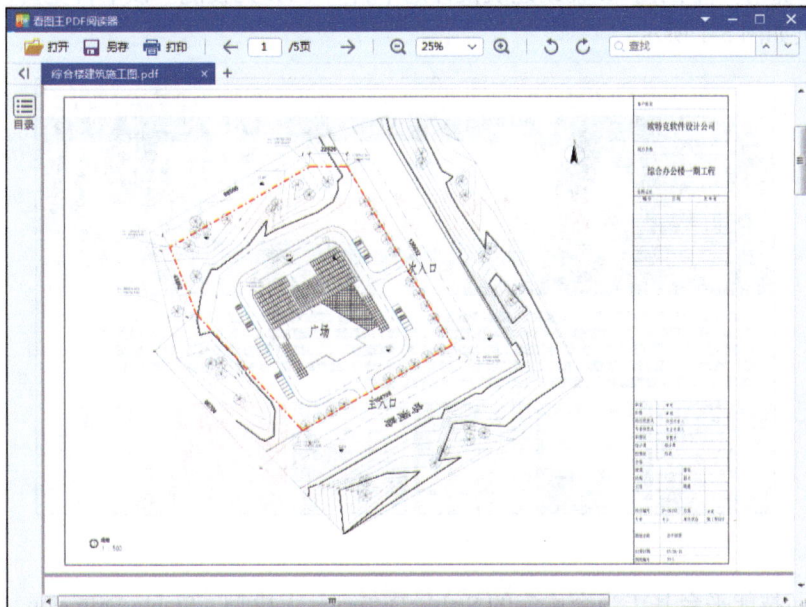

图 4-83

> ↘ **提示**：使用 Revit 中的【打印】命令生成 PDF 文件的过程与使用打印机打印的过程是一致的，这里不赘述。

第 5 章 AI 辅助建筑方案设计

AI 辅助建筑方案设计在建筑领域具有强大的潜力。凭借强大的算法与海量的数据，AI 技术为建筑师提供了前所未有的创意方案和精准高效的设计优化工具。本章将深入探讨 AI 在建筑规划设计、建筑风格设计以及室内设计方面的具体应用。

5.1 AI 辅助建筑规划设计

AI 的应用正在改变建筑规划设计：AI 可以自动完成一些烦琐的任务，比如设计草图、规划空间、计算维度等，从而节省设计师的时间；AI 还可以帮助设计师生成大量的设计方案，并利用算法从中选出最优解，从而提升设计速度。

本节推荐一个国内 AI 辅助建筑设计的平台——AI 元技能。该平台免费开放，平台的首页如图 5-1 所示。

图 5-1

AI 元技能平台基于当今主流的 Stable Diffusion 大模型。Stable Diffusion 大模型是开源模型，能够在本地计算机中布置，但一般不支持个人计算机，需要服务器级别的主机，且对 GPU 的性能要求很高。在 Stable Diffusion 大模型中，可以插入专业的且符合设计需求的 AI 训练模型，比如 LORA 模型，也可以训练适合自己的专业 AI 模型。

接下来我们将详细介绍几个在 AI 元技能平台中用于辅助建筑规划设计的训练模

型，并深入讲解它们在彩色总平面图生成、手绘建筑线稿图生成以及鸟瞰图设计中的具体应用。

5.1.1　AI 辅助生成彩色总平面图

总平面图在建筑规划设计中扮演着重要的角色，它是一种俯视图，展示了建筑物在水平平面上的布局。对总平面图进行彩色渲染可以突出不同区域、功能或特征，使总平面图更生动、直观，进一步提高平面图的可读性和表现力。

【例 5-1】AI 辅助生成彩色总平面图。

1. 进入 AI 元技能平台的首页。

2. 在首页的顶部选择【LORA 模型】分类标签，进入 LORA 模型的浏览页面，如图 5-2 所示。

图 5-2

3. LORA 模型的浏览页面中有许多跟建筑风格设计、规划设计、室内设计等相关的 AI 训练模型。在总平面-lora模型区域中，选中【01-AARG 总平面】AI 训练模型类型，如图 5-3 所示。

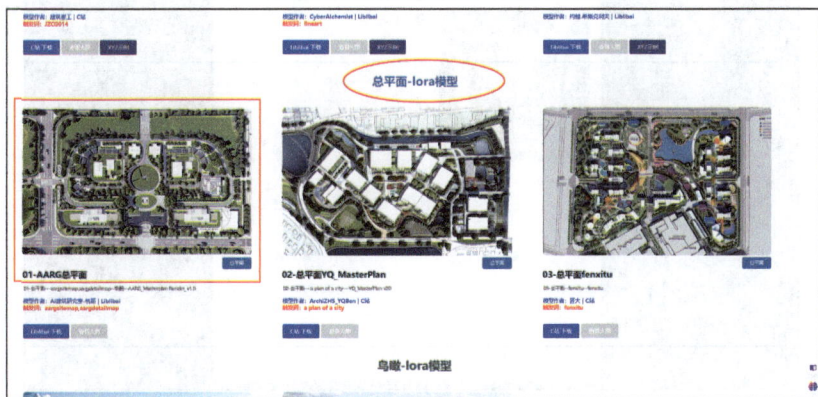

图 5-3

> ↘ **提示:** LORA 是一种基于适配器的有效微调模型的技术，其基本思想是设计一个低秩矩阵，然后将其添加到原始矩阵中。这种技术通常用于深度学习模型的微调过程中。LORA 模型是以 LORA 作为底层技术的 AI 训练模型。

4. 随后进入 Liblib AI 网站。该网站基于云服务器部署，集模型发布、模型使用于一体，如图 5-4 所示。用户每日用完免费的 300 点之后，需购买点才能继续在网站上操作。

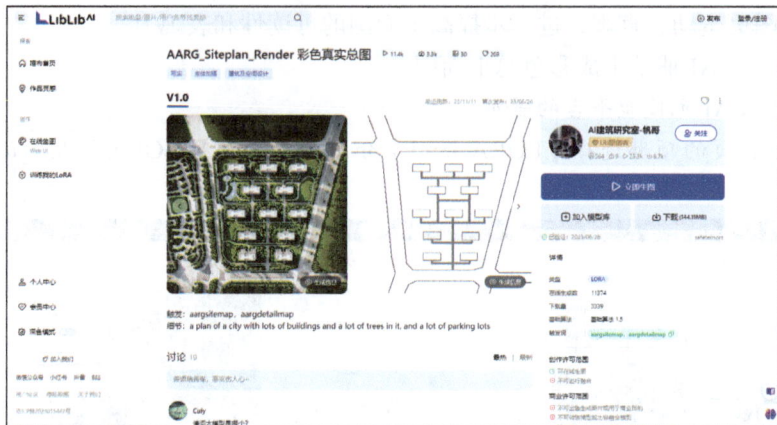

图 5-4

5. 初次使用 Liblib AI 网站的 AI 训练模型，用户需要使用手机号注册账户。在所选的 AI 训练模型中有一个示例模板，可以将这个模板的相关提示词和设置参数用在自己的图像生成中。在本例中，为了减少演示时间，直接使用示例中的原图进行操作。原图已经保存在本例源文件夹中。

6. 单击图 5-4 中左边的图（渲染效果图），弹出该示例的参数信息面板，单击【一键生图】按钮，如图 5-5 所示。

图 5-5

7. 在弹出的一键填充生成信息面板中单击【一键填充】按钮，会将面板中的设置信息全部复制，并自动应用到新的渲染项目中，如图 5-6 所示。

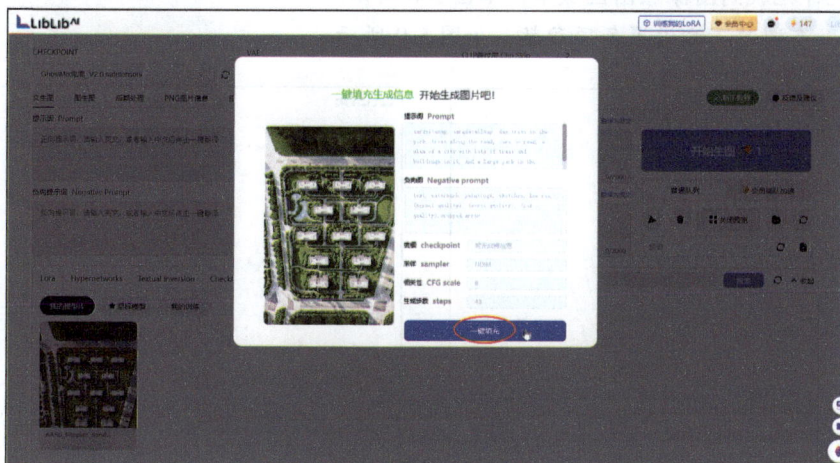

图 5-6

8. 一键填充信息后，自动切换到 Stable Diffusion 大模型的用户界面。这个用户界面并非 Stable Diffusion 的原生界面，而是经 Python 代码修改后的界面，如图 5-7 所示。

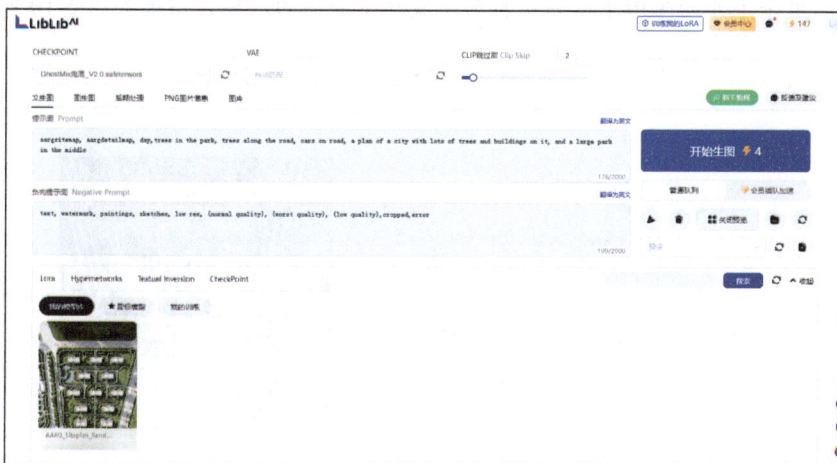

图 5-7

9. 从图 5-7 中可看到，操作界面已经自动生成了相关的图像生成信息。用户可以根据项目的需求编辑提示词（输入要达到的目的）和反向提示词（输入不能出现的情况），以及下方的详细设置参数。首先在界面左上角的【CHECKPOINT】下拉列表框重新选择 GhostMix鬼混_V2.0.safetensors 基础模型，接着选择【采用方法】下拉列表框的【DDIM】选项，其他参数不变。

10. 单击【ControlNet】右侧的展开按钮 ，然后将本例源文件夹中的"zpmt.png"文件拖放到图像原图区域中，如图 5-8 所示。

11. 在图片下方设置各项参数，如图 5-9 所示。

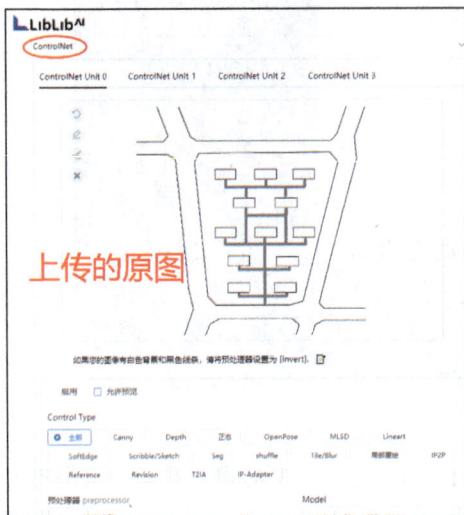

图 5-8

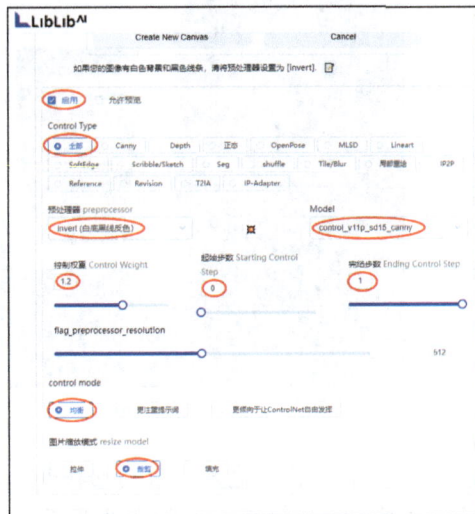

图 5-9

12. 单击【开始生图】按钮，自动完成总平面图的渲染，结果如图 5-10 所示。

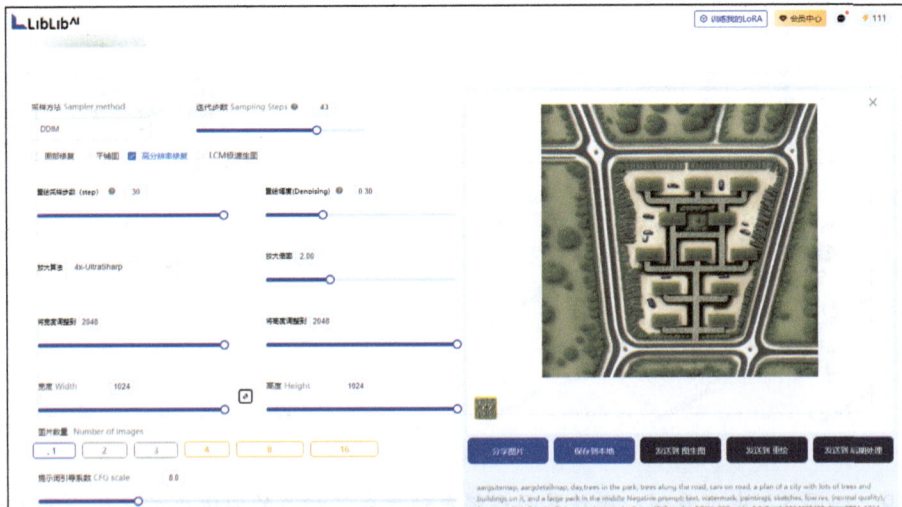

图 5-10

13. 如果需要其他效果，可通过修改条件参数重新生成，但耗时较长，这里不赘述。单击【保存到本地】按钮，保存渲染效果图。

5.1.2　AI 辅助生成手绘建筑线稿图

在 AI 元技能平台的【LORA】分类标签中提供了 6 个用于手绘线稿图的 AI 训练模型，包括两种手绘线稿图模式：手绘建筑线稿图和图片转建筑线稿图，如图 5-11 所示。

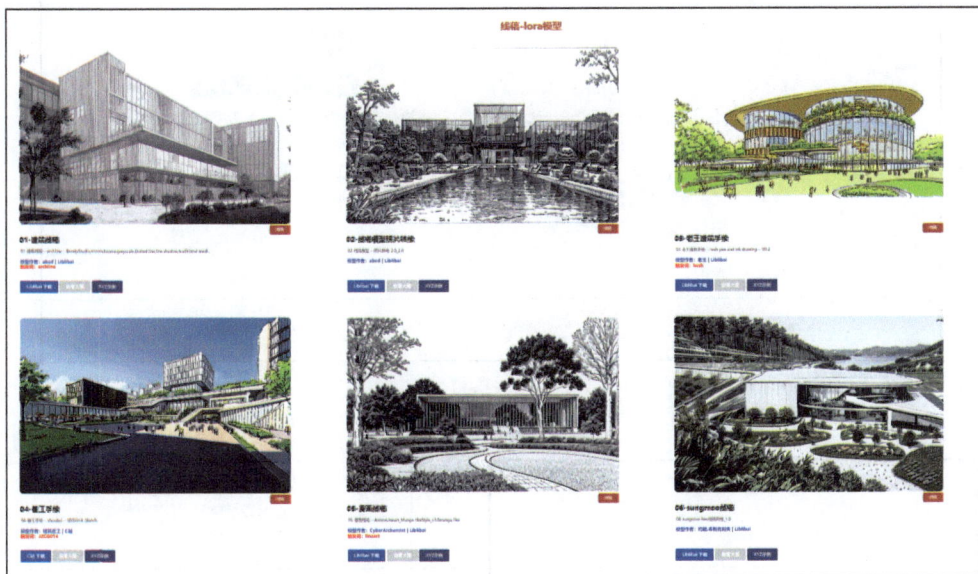

图 5-11

以上 6 个 AI 训练模型分别代表 6 种手绘线稿创建方式和风格。第 1、2、5 种为黑白线稿 AI 训练模型，其余 3 种为彩色线稿 AI 训练模型。本例选择第 3 种，这种模型既能生成黑白线稿图，也能生成彩色线稿图。下面介绍其详细的操作步骤。

【例 5-2】AI 辅助生成手绘线稿图。

1. 在 AI 元技能平台首页的【LORA 模型】分类标签的【线稿 -lora 模型】区域中选择【03- 老王建筑手绘】AI 训练模型，进入 Liblib AI 网站，在 AI 训练模型中有两个示例模板，如图 5-12 所示。

> ↘ **提示**：使用这个 AI 训练模型之前，先阅读模型作者的留言（示例模板下方），要特别留意"触发词"。在提示词框中输入触发词"lwsh, pen and ink drawing"，将会生成黑白手绘线稿图；输入触发词"lwsh"，将会生成彩色手绘线稿图。

2. 本例仍然以示例模板的参数作为生成手绘线稿图的基础参数，根据实际情况微调局部参数。首先选中左侧示例模板，在弹出的示例参数面板中单击【一键生图】按钮，然后在弹出的一键填充生成信息面板中单击【一键填充】按钮，如图 5-13 所示。

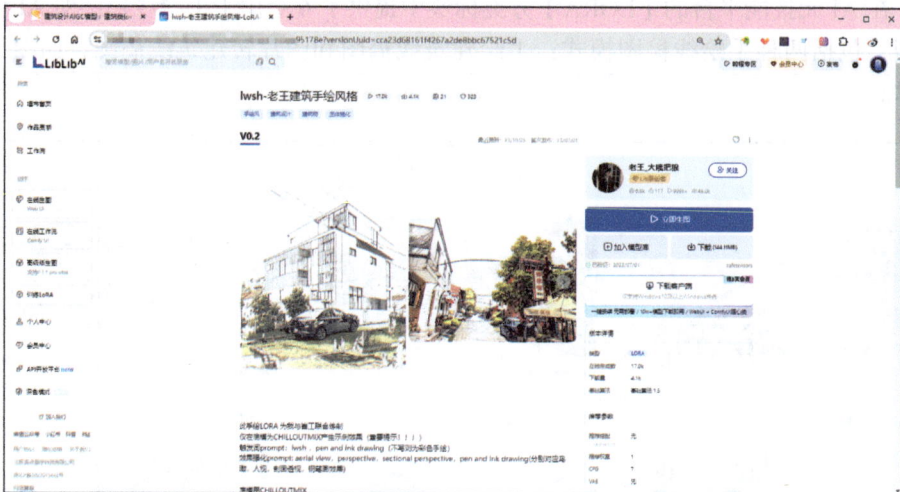

图 5-12

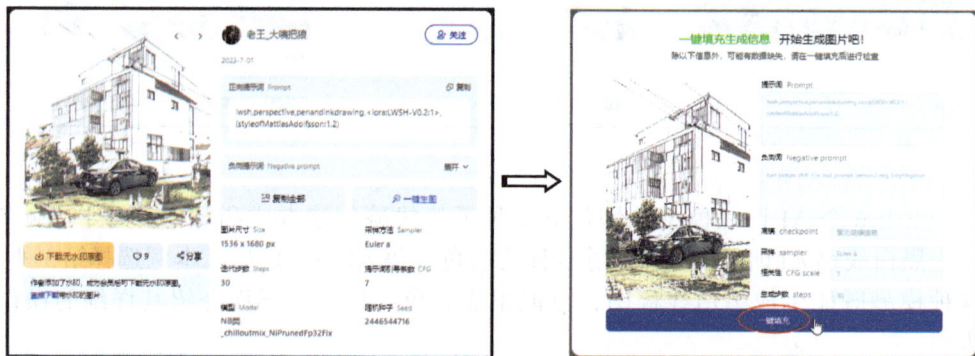

图 5-13

3. 随后进入 Liblib AI 网站的 AI 训练模型操作界面，如图 5-14 所示。

> **提示：** 一般来讲，反向提示词无须修改，只需按照自己的需求修改提示词，另外，需注意触发词是否完整（如果有触发词）。根据 AI 训练模型的作者留言，黑白手绘线稿图需要触发词 "lwsh, pen and ink drawing"，而示例模型中没有 "pen and ink drawing"，需要在后面添加。用户可以在 AI 元技能平台首页中单击顶部的【AI 写提示词】分类选项，通过微信扫码并付费开通 VIP 来使用 AI 写提示词的功能，如图 5-15 所示。没有好的提示词，生成的效果是达不到用户需求的。

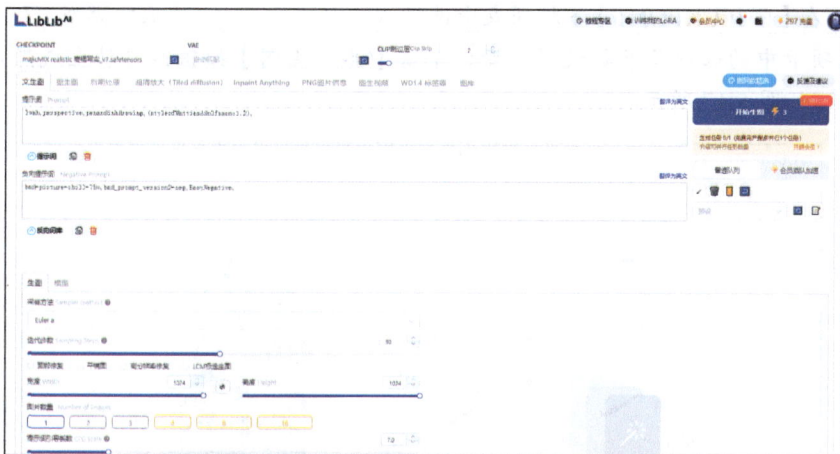

图 5-14

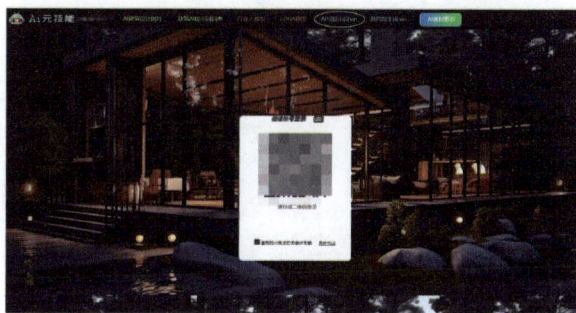

图 5-15

4. 接下来在提示词文本框中修改提示词。在【文生图】选项卡的【提示词】文本框中，在已有提示词的后面添加 "pen and ink drawing"，接着书写新的提示词 "a building"，如图 5-16 所示。

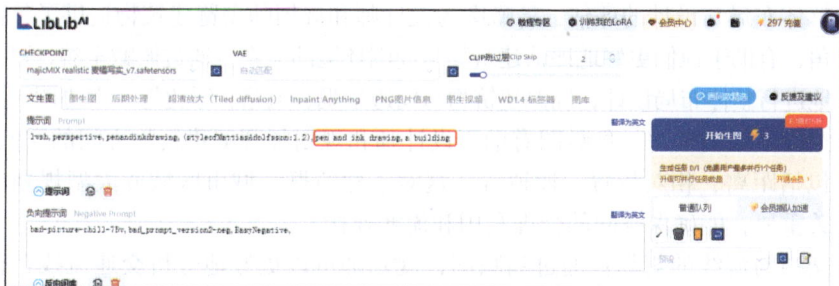

图 5-16

> ↘ **提示**：在【提示词】文本框中可书写中文提示词，如书写 "一幢建筑"，单击【提示词】文本框右上角的【翻译为英文】按钮后，AI 会将中文提示词精准地翻译为英文提示词。

5. 在【CHECKPONT】下拉列表中选择 AWPainting_v1.5.safetensors 基础模型，保持【生图】选项卡中的选项及参数设置不变，单击【开始生图】按钮，自动生成黑白手绘线稿图，如图 5-17 所示。

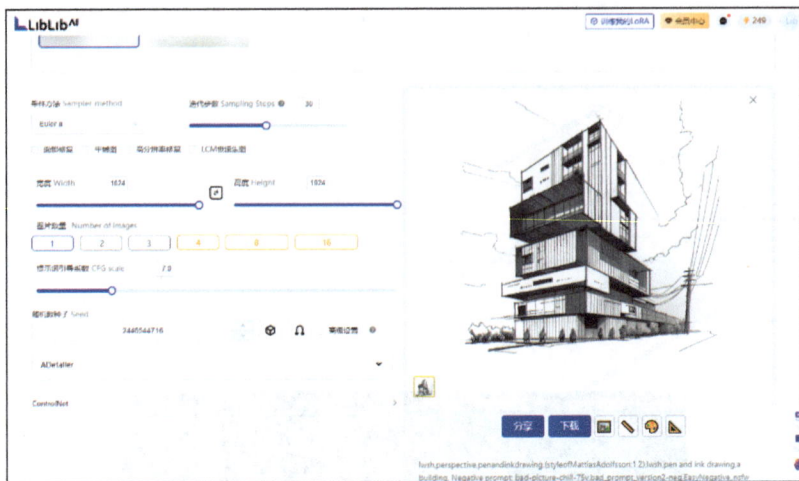

图 5-17

> 💡 **提示**：如果更改采样方法，比如在【采样方法】下拉列表中选择【Euler】选项，就会生成不同的建筑风格。如果要生成鲜艳、彩色的手绘线稿图，可在 AI 元技能平台首页中选择【线稿 –lora 模型】区域中的【04– 崔工手绘】AI 训练模型。

6. 最后单击【下载】按钮，将图像文件保存到本地。

5.1.3　AI 辅助鸟瞰图设计

鸟瞰图在建筑规划设计中的作用主要体现在以下几个方面。

● 整体布局与设计的评估：鸟瞰图为设计师和规划师浏览建筑物提供了整体的视角，有助于他们更好地评估建筑物与周围环境的关系。通过俯瞰全貌，可以更好地进行整体布局设计，确保建筑物与周边景观、道路、绿化等元素协调一致。

● 空间关系的理解：鸟瞰图有助于设计师和规划师理解建筑物之间的空间关系，包括距离、相对位置、通道等，这对于建筑群、城市区域或大型规划项目至关重要，能确保空间的合理利用和流畅连接。

● 交通与流线的规划：通过鸟瞰图，规划师可以更好地分析交通流线，包括道路、步行道、自行车道等，这有助于规划出更为便捷、高效的交通系统，提升交通运输体验。

● 地形与地貌的分析：鸟瞰图可用于分析地形和地貌，包括地势高低、水域分布等，这对于选择建筑场地、确定水系位置、考虑自然环境因素等方面非常重要。

- 项目的宣传与展示：鸟瞰图通常也用于项目宣传和展示，通过生动的俯瞰效果展示项目规划的魅力，这对于吸引投资、获取项目支持以及向公众传达设计意图都具有积极的影响。

本节仍以 AI 元技能平台为例介绍 AI 辅助鸟瞰图设计的操作流程。

【例 5-3】AI 辅助鸟瞰图设计。

1. 在 AI 元技能平台首页【LORA 模型】分类标签的【鸟瞰 -lora 模型】区域中选择【01- 鸟瞰增强】AI 训练模型，如图 5-18 所示。

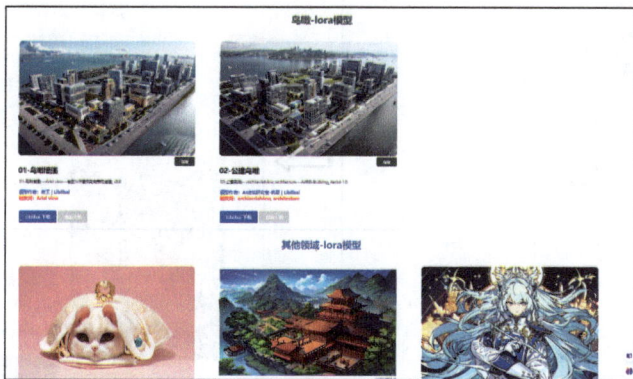

图 5-18

> **提示：**【01- 鸟瞰增强】的模型名称是模型作者利用 ChilloutMix 基础模型进行训练后自定义的名称。

2. 进入 Liblib AI 网站，可见该 AI 训练模型中有两个示例，它们用的训练模型是相同的。本例选择右图进行演示，如图 5-19 所示。

图 5-19

↘ **提示**：如果自己能够输入提示词和设置参数，可直接单击【立即生图】按钮。这种方法在业内称为"选择底模"或"使用底模"。

3. 在弹出的示例参数面板中单击【一键生图】按钮，然后在弹出的一键填充生成信息面板中单击【一键填充】按钮，如图 5-20 所示。

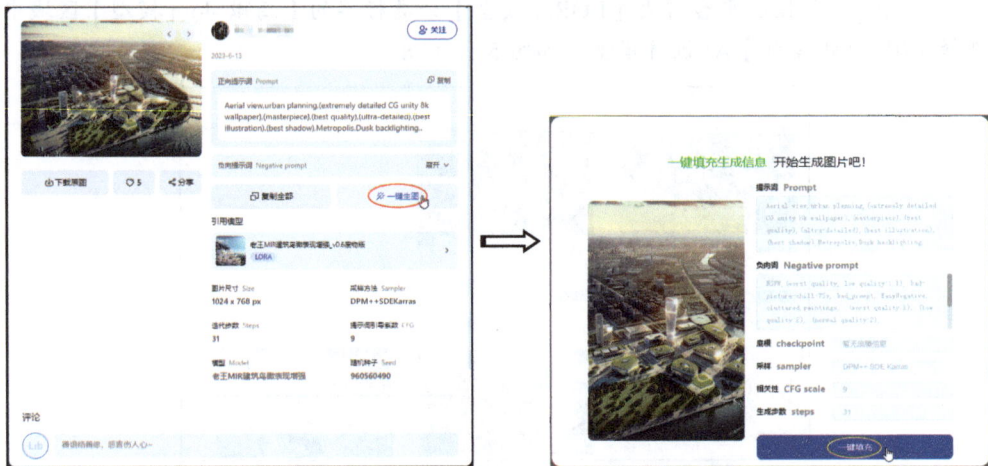

图 5-20

4. 随后进入 AI 训练模型操作界面中。此处为了演示，采用示例的提示词，单击【开始生图】按钮，生成城市规划设计的鸟瞰图，如图 5-21 所示。

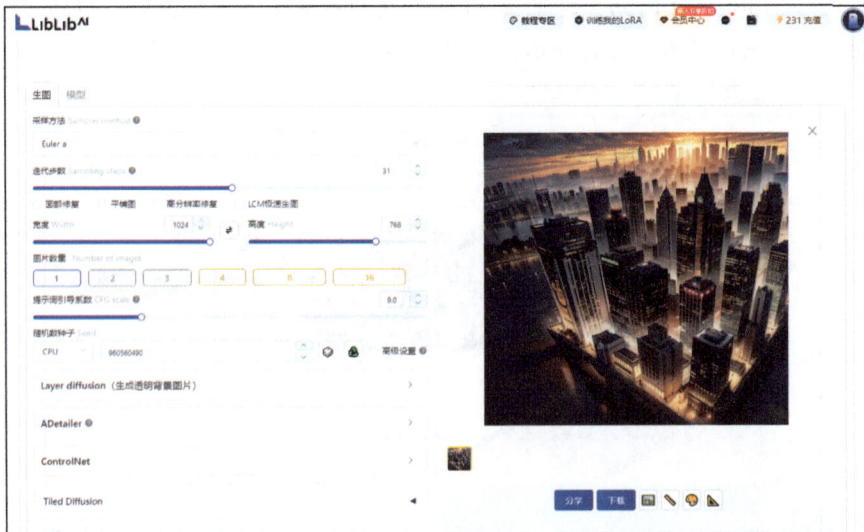

图 5-21

> 📥 **提示**：生成鸟瞰图的提示词中，几乎每一个关键词都要用括号括起来，如果取消括号而直接输入关键词，最终效果很不理想，这是该 AI 训练模型的特色。生成鸟瞰图的触发词是"Arial view"，每次生成鸟瞰图，都要提前输入这个触发词，后面跟着输入与城市布局、建筑风格、地形、天气、图像质量等相关的关键词。

5.2　AI 辅助建筑风格设计

本节首先利用阿里云开发的 AI 平台——通义万相生成建筑效果图，然后使用基于 Photoshop 的 StartAI 插件进行图像填充，使图像更加完整。

5.2.1　生成建筑效果图

【例 5-4】AI 辅助建筑风格设计。

1. 通过浏览器进入通义万相官方网站首页，如图 5-22 所示。

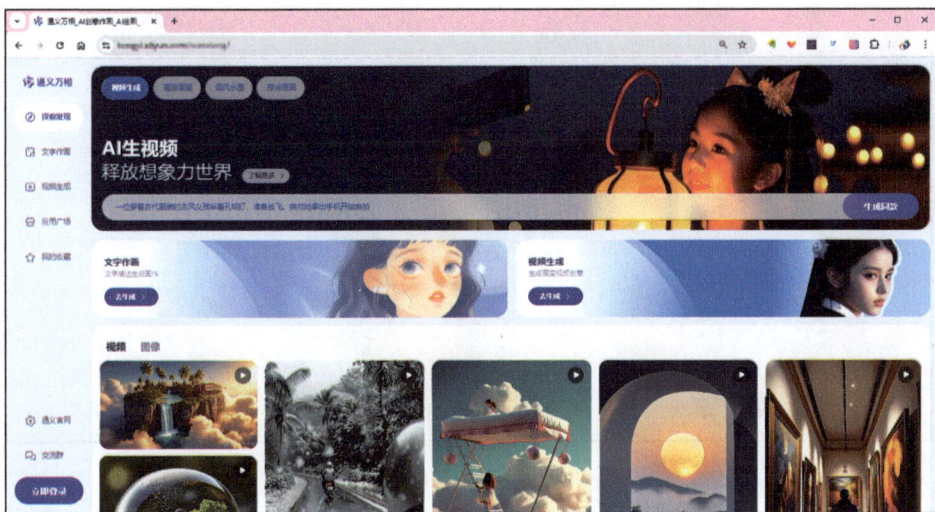

图 5-22

2. 初次使用通义万相需要注册账号。单击首页左下角的【立即登录】按钮，在弹出的注册页面注册账号，如图 5-23 所示。

3. 注册账号后可在首页界面的左侧边栏中单击【文字作画】按钮，弹出通义万相的文字作画的操作界面，如图 5-24 所示。通义万相的使用方法非常简单，只需在【文字作画】面板中设置好创作模型、提示词、创意模板、参考图、图像比例等，即可生成图像。

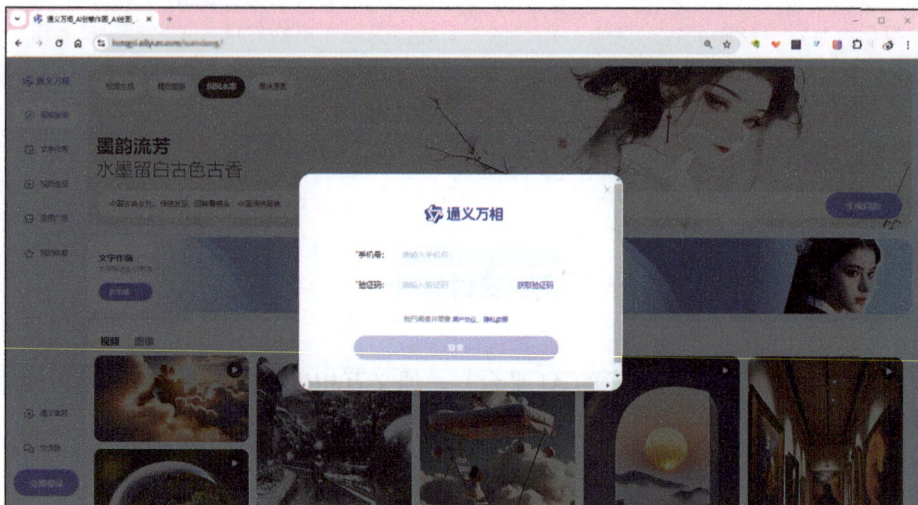

图 5-23

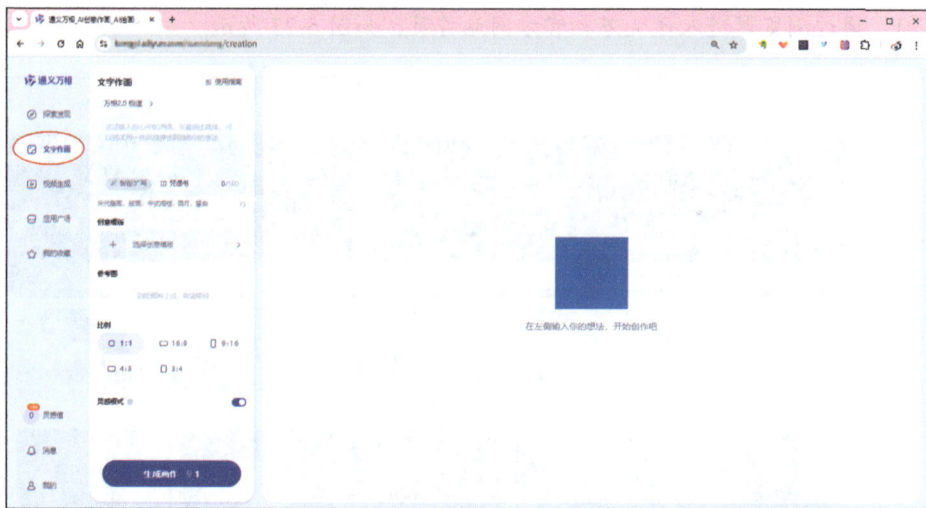

图 5-24

4. 本例将生成中国南方农村风格的建筑。选择【万相 2.0 极速】创作模型，并在提示词文本框中输入"中国南方农村，远景，村庄，田野，晴朗的天气，破旧农房（土坯房），庭院无人，门前溪流 / 小河（流淌的水，鱼儿特写），周围庄稼和植物，现实风格"。

> ↘ **提示**：在通义万相中，提示词的规则比较简单，只需按照用户的想法输入即可。用户可以使用【智能扩写】功能将输入的文字进行智能扩写，以获得更高质量和创意的图像效果。还可以使用【咒语书】功能在提示词文本框中添加用于表达渲染效果的提示词。

5. 在【比例】选项区中有 5 种图像比例：1:1、16:9、9:16、4:3 和 3:4，保留默认的 1:1 的图像比例。最后单击【生成画作】按钮，自行生成图像，如图 5-25 所示。从图中可见，生成的效果非常好，可与高清拍摄的相片相媲美，符合提示词的基本要求。

图 5-25

> **提示**：若要生成现实场景的图像，就不能使用创意模板，创意模板用来生成漫画、卡通、插画、油画、中国画、简笔画、剪纸、玻璃、瓷器等风格的图像。

6. 单击其中一幅图像以查看大图，如图 5-26 所示。

图 5-26

7. 接下来重新输入提示词"艺术建筑，造型新颖独特，地中海风情，超级艺术感，晴朗的天空，海边，沙滩，游玩的人"，单击【生成画作】按钮，生成的图像效果如图 5-27 所示。

图 5-27

8. 再次输入提示词"传统，苏州园林，旧，水，池，白墙，窗，门，黑瓦，植物，庭院，阳光明媚，近景、超写实，超高清画质"，单击【生成画作】按钮后，自动生成效果图，如图 5-28 所示。

图 5-28

9. 如果要保存效果图，可将鼠标指针移动至要保存的图像位置，在弹出的工具菜单中单击下载按钮，可选择【有水印下载】和【无水印下载】方式，如图 5-29 所示，选择其中一种下载方式后，即可将图像下载到本地文件夹中。

图 5-29

5.2.2 AI 图像扩充

虽然通义万相的 AI 生成图像的功能十分强大，但存在一个严重缺点：图像显示不完整。如果要想看见更多的景象，就需要利用 AI 工具进行图像扩充。下面介绍一款免费的 AI 图像扩充工具——基于 Photoshop 的 StartAI 插件。

StartAI 插件的基础版完全免费，可在 Photoshop 中使用该工具进行线稿上色、效果图生成、局部重绘、扩图、高清修复、背景移除、抠图等操作。

> ↘ **提示**：StartAI 插件要在 Photoshop 中使用，用户可以安装 Adobe Photoshop 2024。StartAI 插件在使用前需要注册账号，注册时请输入邀请码 caSvvv。

下面介绍 StartAI 插件的使用方法。

【例 5-5】AI 图像填充。

1. StartAI 插件可以从 StartAI 官方网站中免费下载，如图 5-30 所示。

图 5-30

2. 将下载的 StartAI 插件压缩包文件解压缩，然后安装该插件。

3. StartAI 插件安装完成后，在计算机的桌面上双击【StartAI】快捷启动图标，启动 StartAI 插件，同时会自动启动 Photoshop 2024，如图 5-31 所示。

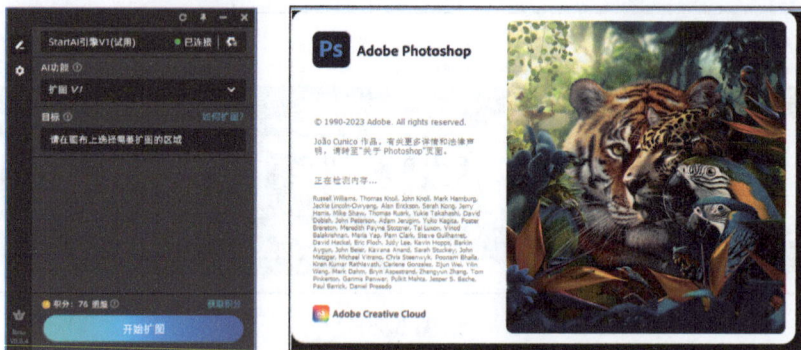

图 5-31

4. 在 Photoshop 2024 主页界面中单击【打开】按钮，从本例源文件夹中选择"农村建筑 .png"图像文件，此图像文件是通过通义万相生成的建筑效果图，如图 5-32 所示。

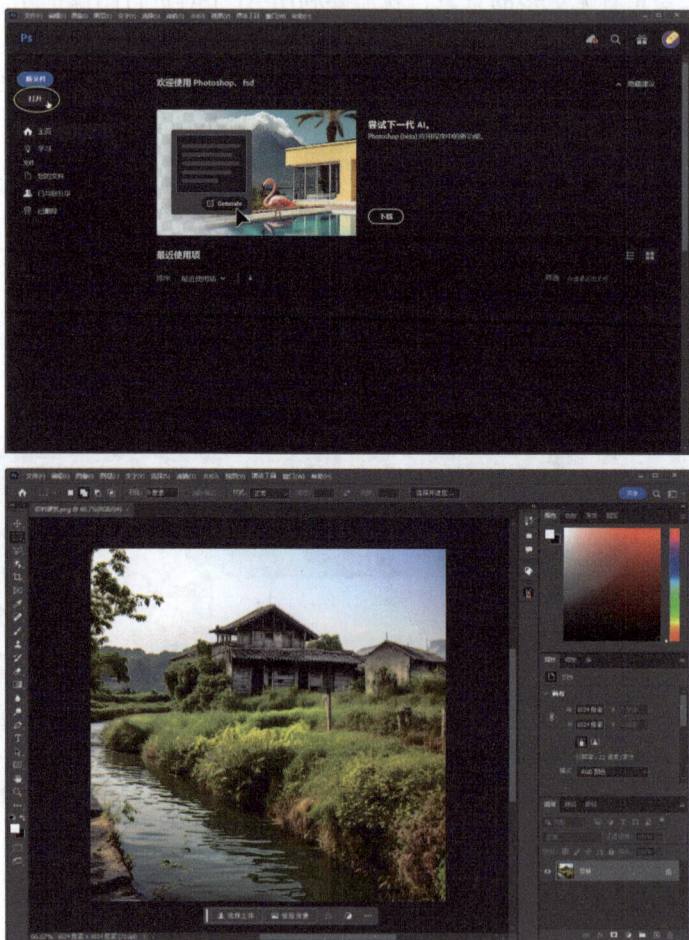

图 5-32

5. 在 Photoshop 的工具栏中单击【矩形选框工具】按钮▦，然后绘制一个矩形选框（与图像边框的大小相等或略小于图像边框的大小），如图 5-33 所示。

图 5-33

6. 绘制矩形选框后，在 StartAI 插件面板的【AI 功能】下拉列表中选择【扩图 V1】选项，单击【开始扩图】按钮，如图 5-34 所示。

图 5-34

7. 随后打开 StartAI 的【扩图】面板，图像预览区中会显示剪裁边框，拖动剪裁边框以改变扩图区域，如图 5-35 所示。

8. 可以为扩图输入"正面"或"负面"提示词（仅输入英文提示词），也可不输入，再单击【立即生成】按钮，如图 5-36 所示。如果要生成多张扩图，可设置【生成数量】值，最大值为 10。

9. StartAI 生成图像后，单击【插入图层】按钮，如图 5-37 所示，将图像插入 Photoshop 中，并单独生成一个图层。

图 5-35

图 5-36

图 5-37

10. 在 Photoshop 中查看原图（矩形选框内的部分）和扩充后的图像对比，如图 5-38 所示。扩充后的图像相比原图更有意境。

图 5-38

11. 最后将图像保存。

5.3 AI 辅助室内设计

借助 AI 技术，室内设计师可以为客户提供更为高效的设计服务，比如在施工现场为客户演示用 AI 生成的各种设计方案，从而快速解决客户的问题。

辅助室内设计的 AI 工具有很多，但大多收费昂贵，不利于初学者学习。接下来我们将利用 AI 元技能平台中的 AI 训练模型介绍如何生成室内装修效果图。

制作室内装修效果图有两种方式：一种是设计师通过现场勘察后手绘出装修线稿图，利用 AI 工具将线稿图进行渲染；另一种是现场拍摄照片，直接利用 AI 工具将照片进行渲染。下面介绍详细的操作过程。

【例 5-6】AI 辅助室内装修效果图设计。

1. 在 AI 元技能平台首页中，单击顶部的【LORA 模型】分类标签，然后选择【01-AARG 总平面】模型，如图 5-39 所示。

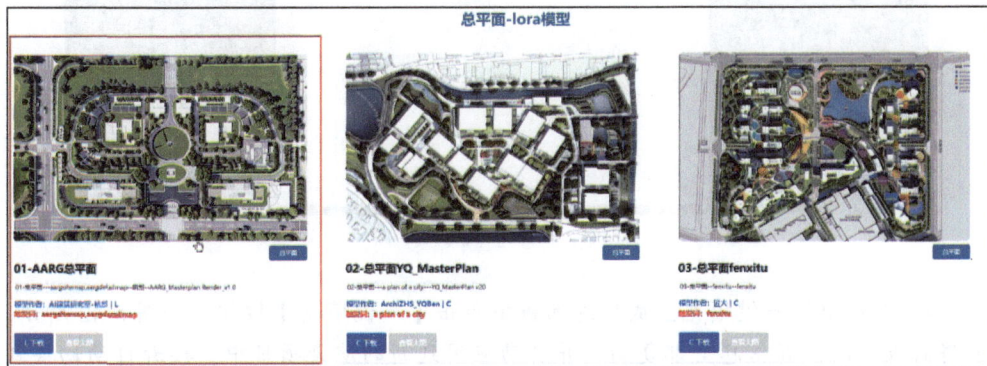

图 5-39

147

> **➥ 提示：** 这个模型其实就是前面生成彩色总平图时的 AI 训练模型。

2. 进入 Liblib AI 网站，如图 5-40 所示。

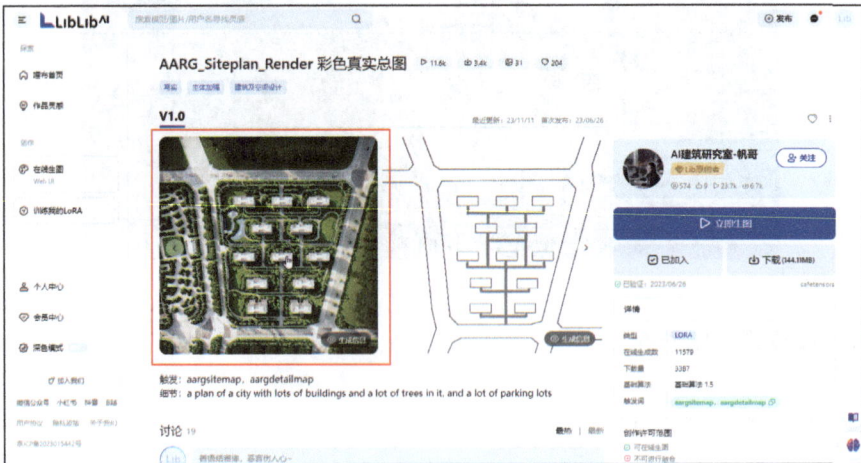

图 5-40

3. 单击左图（渲染效果图），弹出该示例的参数信息面板，单击【一键生图】按钮，如图 5-41 所示。

图 5-41

4. 在弹出的一键填充生成信息面板中单击【一键填充】按钮，如图 5-42 所示，会将面板中的设置信息全部复制，并自动应用到新的渲染项目中。接着自动切换到 Stable Diffusion 大模型的用户界面中，如图 5-43 所示。

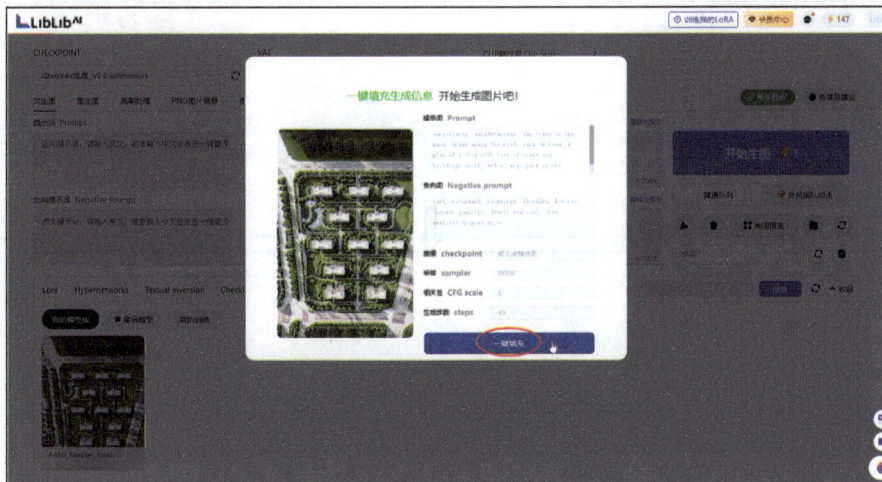

图 5-42

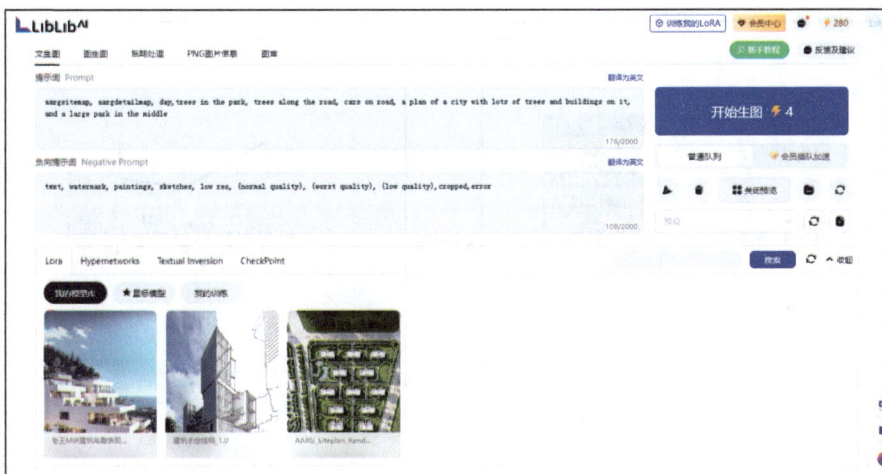

图 5-43

5. 首先要在【我的模型库】列表中选中【AARG_Siteplan_Render 彩色真实总图】模型，然后将提示词全部删除，并重新输入一个触发词"Interior"，紧接着根据装修的要求来输入文本，比如"现代，简约风格，客厅，白天，轻奢"等，然后单击提示词文本框右上角的【翻译为英文】按钮，将中文翻译为英文，如图 5-44 所示。

6. 在【采样方法】下拉列表中选择【DPM++SDE Karras】选项，其他参数保持不变。在底部展开【ControlNet】选项组，在本例源文件夹中导入"Interior-1.jpg"图像文件，再在下方勾选【启用】复选框，保持 ControlNet 的参数不变，如图 5-45 所示。

7. 单击【开始生图】按钮，会自动生成装修效果图。图 5-46 所示为原图和效果图的对比。

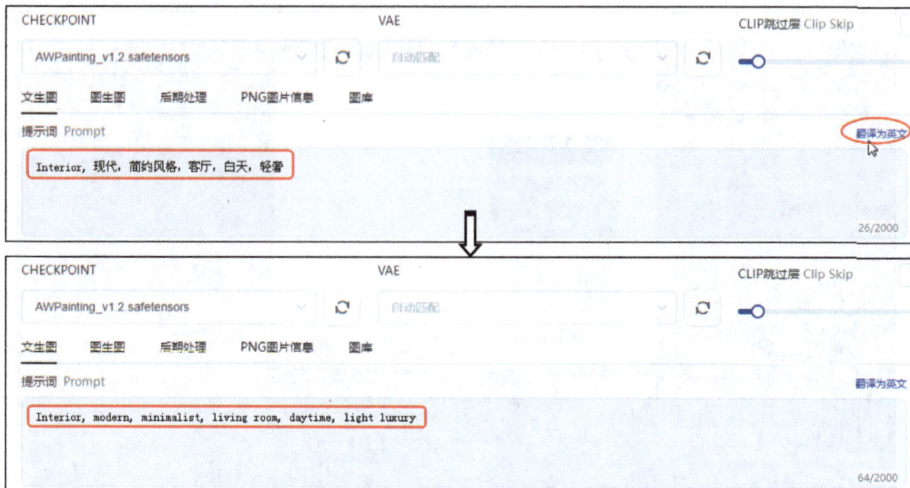

图 5-44

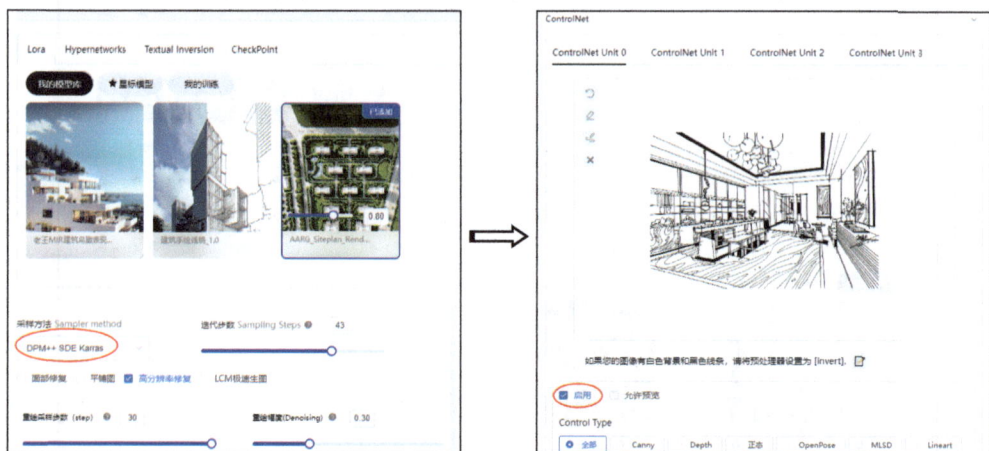

图 5-45

图 5-46

8. 若要生成其他装修风格，如在提示词中修改"现代，简约风格"为"地中海装修风格"，再增加两个关键词"蓝色海洋，白色地砖"，结果如图 5-47 所示。

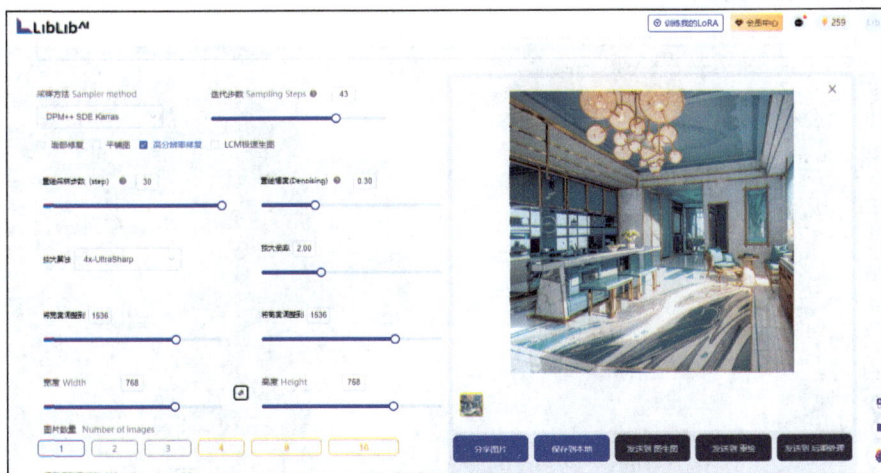

图 5-47

9. 同理，继续输入其他室内装修风格，直到生成满意的装修方案为止。这里不赘述。

10. 接下来我们使用手机或相机拍摄的毛坯房图片进行装修效果图的生成操作。删除之前的线稿图片，上传本例源文件夹中的"Interior-2.jpg"图像文件，如图 5-48 所示。

11. 其他选项和参数暂不作更改，单击【开始生成】按钮进行图像生成，结果如图 5-49 所示。

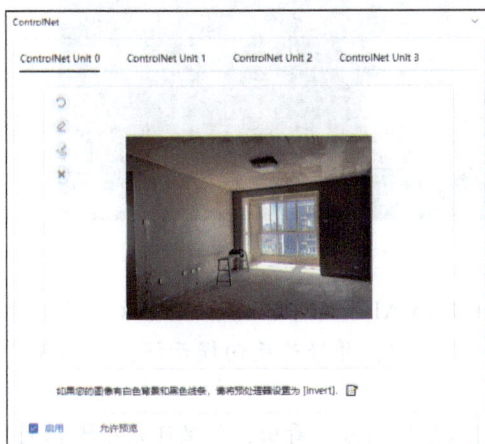

图 5-48

图 5-49

12. 从效果图可以看出，原图中有一条装修工人用的板凳影响了最终的效果图，可利用 AI 工具进行清除处理。本例使用百度 AI 图片助手的【涂抹消除】功能来消除板凳，如图 5-50 所示。

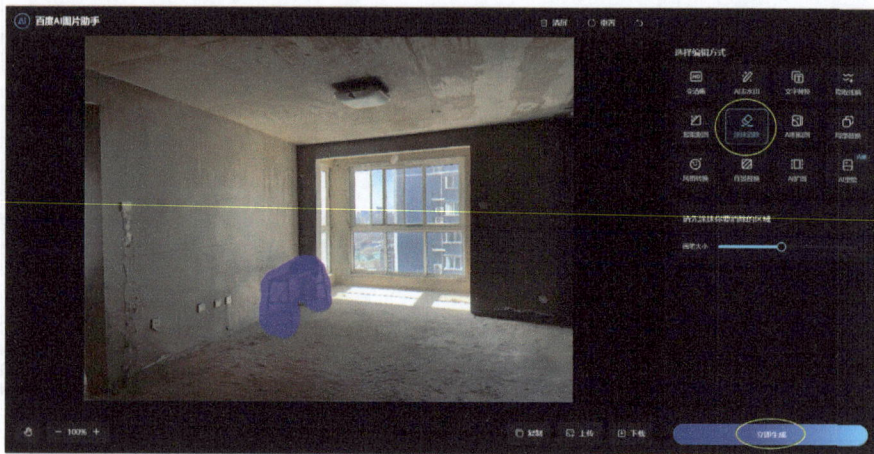

图 5-50

消除板凳的效果如图 5-51 所示。

图 5-51

13. 将图像文件下载到本地。然后在 Liblib AI 网站中重新上传修改后的图像文件，再修改提示词，增加一些家居摆设的提示词，并修改反向提示词，如图 5-52 所示。

14. 重新生成效果图，如图 5-53 所示。从效果图可以看出，效果还是很不错的，如果需要得到更佳的装修效果，可微调一些参数。

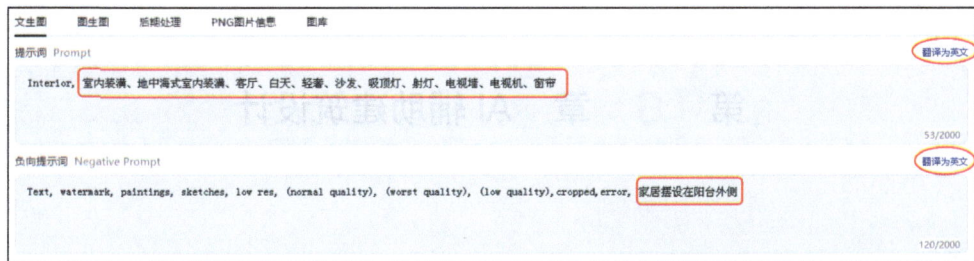

图 5-52

图 5-53

第 6 章 AI 辅助建筑设计

AI 在建筑设计领域具有广泛的应用前景，能够显著提升设计效率与精准度。本章将重点探讨 AI 与 BIM 技术的结合，包括智能化的建筑设计、自动化建筑效果图生成，以及 AI 驱动的室内设计等核心场景。

■ 6.1 基于 AI 云平台的建筑设计

Hypar 是一个基于云的 AI 平台，旨在促进建筑（Architecture）、工程（Engineering）和施工（Construction）领域的设计自动化和协作。它提供了一个可以执行、共享和协作设计逻辑的空间。Hypar 的基础功能是免费的，用户只需注册账号即可使用。

Hypar 和前面介绍的 Revit 类似，都可以进行基于 BIM 的建筑、结构与规划设计，所不同的是，Hypar 不仅设计功能强大，还能借助与 ChatGPT 类似的大语言模型进行生成式设计。

6.1.1 Hypar 云平台简介

Hypar 云平台利用云计算技术、AI 技术和自动化技术来优化建筑设计流程。

一、Hypar 云平台的功能及其应用

（1）设计自动化。

Hypar 云平台允许设计流程自动化，能够根据指定的逻辑和标准快速生成多个设计迭代，这一过程通常称为"选项优化"。

Hypar 云平台支持用 Python 和 C# 语言执行代码，快速创建可在计算机或移动设备上以 3D 形式预览的设计和分析数据。例如，塔式发电机的设计自动化，Hypar 云平台能够将模型创建和分析时间从几周缩短到几分钟。

（2）实时协作。

Hypar 云平台通过在设计工作流程中引入实时协作功能，对设计过程进行了优化，从而提升了设计人员协同作业的效率，有效克服了以往孤立工作模式所带来的局限性。

Hypar 云平台创建了一个促进合作的环境，在此环境中，任何对设计方案的调整都能即时共享并持续保存，进而推动设计质量的不断提升。

（3）生成式设计。

Hypar 云平台支持生成式设计，通过基于一系列变量来测试"假设"的场景，从而辅助早期的概念开发。该平台利用 AI 技术，能够将描述建筑物的文字信息转化为具体的量化建筑模型。

（4）集成和互操作。

Hypar 云平台正在探索与 Autodesk Forge Revit Design Automation API（一个基于云的开发平台，专用于在云端自动化和处理 Revit 模型的设计任务）集成。通过这种集成，Hypar 的设计可以无缝导入 Revit 中，从而支持更详尽的工作流程。目前，该功能仍处于原型阶段，但预计其正式推出后将受到广泛欢迎。

（5）社区与分享。

Hypar 云平台拥有自己的社区，用户可以通过 GitHub、Twitter、Instagram、LinkdIn、Discord、YouTube 等社交平台分享或出售第三方算法，还可邀请其他设计人员到 Hypar 云平台中共同参与设计，随着时间的推移，社区有望成为访问生成工具的资源中心。

（6）易于使用。

Hypar 云平台旨在简化项目的创建、编辑和分发过程，使用户无须具备 Web 开发技能即可操作。此外，该平台的云特性支持通过 Web 从任何地点访问这些设计资源。

二、Hypar 云平台的账号注册与登录

在 Hypar 云平台中注册账号时，网页语言为英文，用户可以使用网页翻译器将英文翻译为中文。

1. 打开 Hypar 云平台的官方网站后会弹出账号登录与注册页面，如果用户已有 Hypar 账号、Google 账号或 SSO 账号，可直接登录 Hypar 云平台，而没有这些账号的用户则需要在注册对话框的底部单击【Sign up】超链接进行注册，如图 6-1 所示。

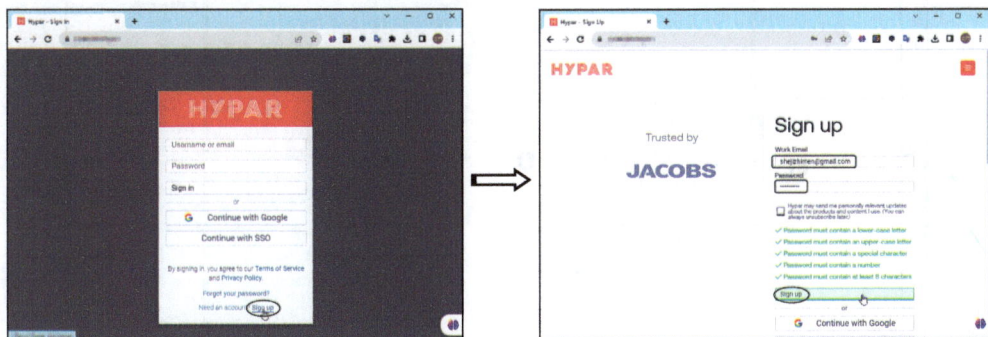

图 6-1

> **⤵ 提示：** 注册用的邮箱包括国内邮箱和国外邮箱，建议使用国内的网易邮箱或 QQ 邮箱进行注册。注册成功后还需要进入注册邮箱单击网页链接以激活 Hypar 账号。另外，利用网页翻译器翻译 Hypar 云平台的英文网页之后，某些功能选项及命令翻译得不够精准，会相应地给予提示和修正。后续操作是基于网页翻译器将英文翻译为中文后的页面。

2. 账号注册完成并成功登录 Hypar 云平台后，会弹出【空间规划设置】对话框，需要按照 Hypar 的提示来选择一个类型选项开始设计。例如选择【我想从头开始画】选项，单击【下一个】按钮后，可根据项目设计要求按"您想如何开始？"的提示来选择【单层】选项或【多层】选项，选择【多层】选项并单击【下一个】按钮，如图 6-2 所示，随后打开 Hypar 云平台的工作界面。

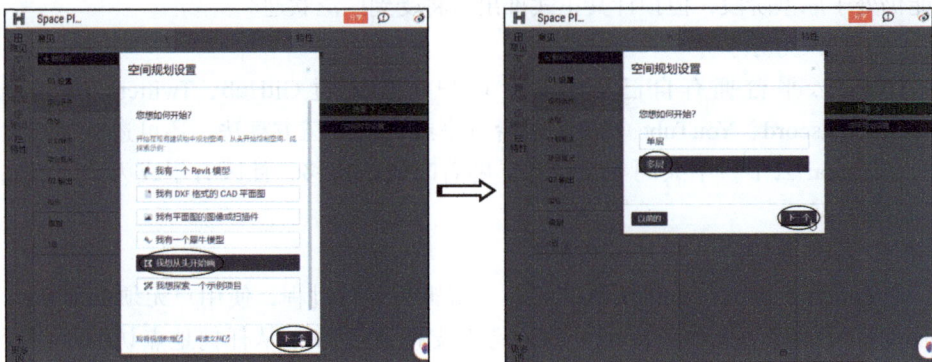

图 6-2

> **⤵ 提示：** 如果存在已有模型，可选择其他选项开始设计。

三、Hypar 云平台的工作界面

Hypar 云平台的工作界面包含 5 个功能区域，如图 6-3 所示。

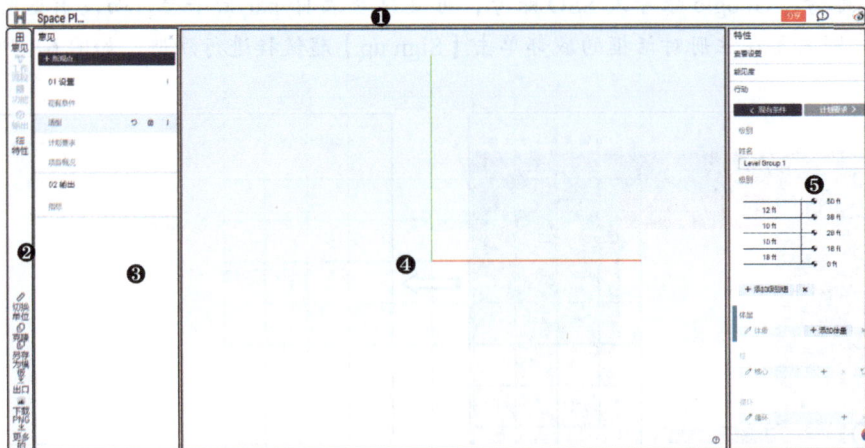

图 6-3

- ❶标题栏：标题栏是软件标题、账号、咨询管理及菜单栏的存放区域。一般情况下，菜单栏自动隐藏，须单击标题栏左侧的软件图标 H 才能展开。
- ❷左边栏：左边栏是软件功能菜单栏，等同于功能区选项卡。左边栏分上、下两部分，上为功能菜单，下为环境设置菜单。例如，选择【意见】功能命令后，会显示【意见】面板。图 6-4 所示为【意见】面板【工作流程】面板【函数库】面板、【输出】面板和【特性】面板。

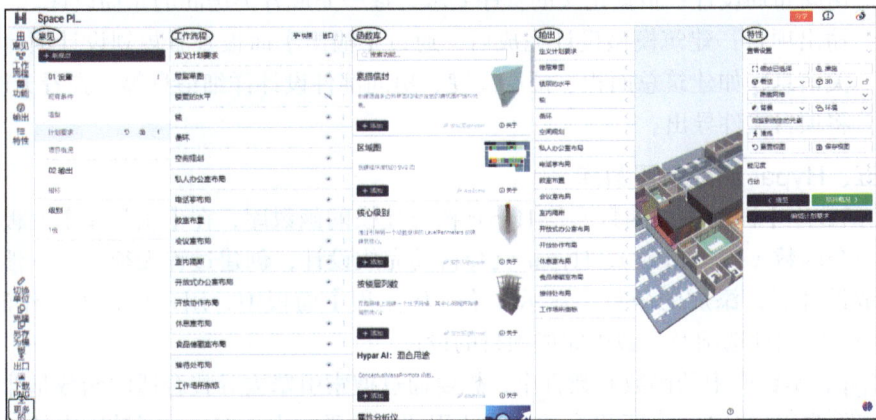

图 6-4

- ❸【意见】面板："意见"可译为"视图"。此面板用于视图管理。默认有【01 设置】和【02 输出】两个视图选项，可以根据设计需要单击【新观点】按钮来增加新视图选项。
- ❹图形区：图形区可预览模型结果。
- ❺【特性】面板："特性"可译为"属性"。【特性】面板中有 3 个选项区，包括【查看设置】选项区、【能见度】选项区和【行动】选项区。【查看设置】选项区主要用于视图操作、视图背景和云平台的环境设置；【能见度】选项区用于模型对象的可见性设置；【行动】选项区用于项目操作与修改。【特性】面板是通过在左边栏中单击【特性】命令来显示和关闭的。

四、Hypar 云平台的工作流程

Hypar 云平台中的【工作流程】面板是指导用户操作及编辑函数属性的操作面板，其中的函数排序充分体现了建筑项目的一般设计流程。

以一个建筑规划设计项目为例，在 Hypar 云平台中的一般工作流程及详细内容如下。

- 空间规划设置：用户可以打开 CAD 平面图纸（建筑总平面图或建筑平面图）、BIM 项目或建筑平面图的图片，将其作为当前 Hypar 项目的空间规划设计参考，也可以通过新建空白项目自定义空间规划，还可以参照一个示例项目进行项目设计。

- 制订项目计划：为当前项目定义程序要求，包括指定空间类型和项目要求。空间类型是指建筑楼层中的房间布局类型，如在某一层中设置办公区、餐饮区、休息区及实验区等。项目要求是为指定的空间类型定义房间名、房间颜色、房间数量、房间面积、房间摆设物件、室内墙体材质等。
- 结构建模：完成项目计划的制订后开始建模。依据 CAD 平面图纸或定义的程序要求进行单体建筑设计，设计内容包括绘制楼层地板、定义楼层高度和楼层等。
- 房间布局设计：根据定义的程序要求，逐一完成各类房间的布局设计。
- 输出项目：建筑模型设计完成后，通过【输出】面板查看规划设计项目的相关信息，如建筑总面积、楼层高度、房间部件设计详细信息等，查看无误后，将项目文件导出。

五、Hypar 函数与函数库

【函数库】面板中的函数库是 Hypar 核心建模的函数库，在【函数库】面板中每添加一个函数（工具指令），Hypar 就会自动完成设计，创建过程无须人工干涉。自动完成设计后，添加的函数会显示在【工作流程】面板中，用户可在【工作流程】面板中设置属性选项及参数以完成项目的设计。

Hypar 函数库中的函数有数百个，想要通过搜索引擎去寻找合适的函数是非常困难的，除非用户对 Hypar 云平台的工作流程非常熟悉。由于 Hypar 函数库中的函数是按照顺序或层级关系自动排列的，所以用户也能凭借这一规则轻易地调取所需的函数。

（1）按顺序关系排列的函数。

在初始的 Hypar 函数库中，函数会按照项目创建的先后顺序进行排列。图 6-5 所示为【函数库】面板的中英文对照图，从图中不难看出，通过网页翻译器进行翻译的结果不太准确。部分函数的网页翻译和人工翻译对照如表 6-1 所示。

图 6-5

表 6-1

函数	网页翻译	人工翻译
Envelope By Sketch	素描信封	草图包络体
Levels By Envelope	按信封级别	按包络分楼层
Facade By Envelope	信封立面	包络外墙面
Structure	结构	结构
Location	地点	地理位置
Private Office Layout	私人办公室布局	布置个人办公室
Workplace Metrics	工作场所指标	工作场地指标
Open Office Layout	开放式办公室布局	布置开放式办公室
Reception Layout	接待处布局	布置接待室
Pantry Layout	食品储藏室布局	布置食物储藏室
Lounge Layout	休息室布局	布置休息室
Classroom Layout	教室布置	布置教室
Phone Booth Layout	电话亭布局	布置电话亭
Meeting Room Layout	会议室布局	布置会议室
Open Collaboration Layout	开放协作布局	布置室内摆设
Floors By Levels	楼层数	楼层地板
Interior Partitions	室内隔断	室内隔断
Zone Diagram	区域图	分区图
Space Planning Zones	空间规划区	空间规划分区
Grid	网格	轴网
Circulation	循环	单层走廊
Define Program Requirements	定义计划要求	定义项目要求
Envelope By Site	信封按站点	按站点边界包络
Core	核	核心筒
Core By Levels	核心级别	层级核心筒
Core By Envelope	核心信封	核心筒草图
Bays	海湾	托架
Roof	屋顶	屋顶
Simple Levels By Envelope	按信封划分的简单级别	按包络简分层
Space Planning	空间规划	单层空间功能布局

续表

函数	网页翻译	人工翻译
Levels From Floors	楼层的水平	层间板
Conceptual Mass	概念质量	概念体量
View Radius	观察半径	视野半径
Floors By Sketch	楼层草图	楼层草图
Floors	楼层	楼层
Space Planning	空间规划	总体空间功能布局
Columns By Floors	按楼层列数	按楼层建柱
Tower Developer	塔楼开发商	塔楼开发
JSON To Model	JSON 到模型	JSON 到模型
Envelope By Centerline	按中心线的包络线	按中心线创建围护
Schematic Cladding	包层示意图	包络示意图
Hypar AI:Minxed Use	Hypar AI：混合用途	Hypar AI：混合使用
Enclosure	外壳	围护
Vertical Circulation	垂直循环	直升电梯
Unit Layout	单位布局	户型布置
Circulation	循环	总体走廊
Facade Grid By Levels	立面网格	按层级创建网格包络
Edge Display	边缘显示	边缘显示
Levels	级别	项目层级
Hypar AI	海帕人工智能	Hypar 人工智能
Make Hypar	使海帕	创建 Hypar
Site by Sketch	网站草图	场地草图
Residential Units	住宅单位	住宅单元

提示：有些函数的名称相同，但功能不同，这是 Hypar 云平台不够严谨，请注意。另外，在下面的内容介绍和相关操作中，仍然以网页翻译器翻译的工具名称进行叙述。

（2）按层级关系排列的函数。

在项目设计过程中，当用户调取的函数为逻辑分层的父级函数（也称父级指令）时，Hypar 云平台会自动执行该函数来创建对象，并且在函数库中会自动显示与父级函数相关的多个次级函数（也称次级指令）。例如添加【地点】函数，这是制订项目计划阶段中的重要工作，该函数就是父级函数。添加【地点】函数的效果如图 6-6 所示。

> **提示**：所谓"逻辑分层"，是依据 Hypar 设计自动化的工作流程以及创建模型单元的先后顺序，对函数之间的隶属关系进行定义。

如果调取的函数不是父级函数，那么在【工作流程】面板中将会显示 ⓘ 图标，表明该函数缺失父级函数。

例如添加【结构】函数后，【工作流程】面板中显示 ⓘ 图标，单击此图标会弹出"如果没有提供托架，则需要级别。"的提示，如图 6-7 所示。

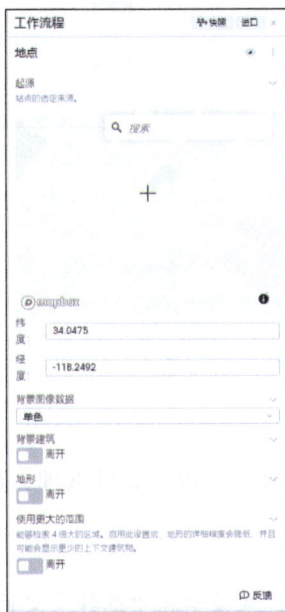

图 6-6

图 6-7

当用户对 Hypar 函数的层级关系不是很了解时，极有可能添加了次级函数，此时可在【函数库】面板中单击搜索框右侧的⋮按钮，会显示【建议功能】复选框，勾选此复选框，将显示与次级函数相关联的所有父级函数，如图 6-8 所示，再选择其中一个父级函数以添加到【工作流程】面板中，可解决层级问题。

> **提示**：当用户按照工作流程正确创建函数层级时，在【函数库】面板中勾选【建议功能】复选框只会显示该父级函数的次级函数，如图 6-9 所示。若是在项目创建过程中越过了父级函数而直接选择了次级函数，勾选【建议功能】复选框后，函数库中只会显示该次级函数的父级函数，而不会显示其子函数（三级指令函数）。一般情况下，【建议功能】复选框默认勾选。

图 6-8

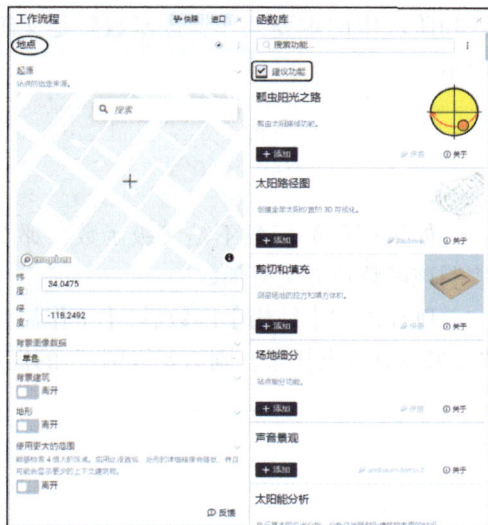

图 6-9

> ↘ **提示**：函数的调用与创建的项目有关。如果从外部载入一个项目，就不需要在项目中创建模型了，此时只需利用 AI 技术对其进行编辑和更改，所调用的函数也只与编辑和更改有关，比如调取【Hypar AI：混合用途】函数对模型进行 AI 修改。如果是一个从头开始的新项目，那就要从函数库中调用父级函数、次级函数和三级指令函数，完成项目的工作流程。

6.1.2　Hypar 云平台的基本操作

本节介绍 Hypar 云平台中辅助建模功能的常见操作，包括文件管理、视图操作和环境配置等。

一、文件管理

1. 在标题栏左侧单击 ▐ 图标展开 Hypar 菜单栏，在菜单栏中选择【文件】命令，可展开【文件】菜单，如图 6-10 所示。

2. 若要查看工作流程，可在菜单栏中执行【查看所有工作流程】命令，在弹出的【您的工作流程】对话框中选择要查看的工作流程，如图 6-11 所示。

3. 选择一个工作流程（主要是 Hypar 云平台自带的样例和用户创建的项目），即可进入工作流程（项目）中浏览项目设计信息。

> ↘ **提示**：工作流程中包含了 BIM 建筑项目的完整设计流程和模型信息。

【文件】菜单中各命令的含义如下。

- 【新的工作流程】：执行此命令可创建一个新的项目文件。
- 【新功能】：执行此命令可查看 Hypar 云平台升级后推出的新功能。
- 【分享工作流程】：执行此命令可将当前项目分享给平台的其他用户。

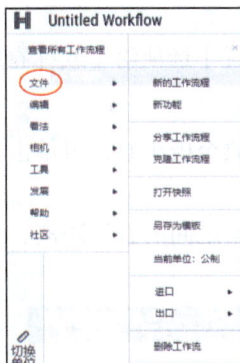

图 6-10

图 6-11

- 【克隆工作流程】：执行此命令可将当前项目复制一份，然后可进行新的任务，或者更改设计。此命令的功能和左边栏下方的环境设置菜单中的【克隆】命令的功能完全相同。
- 【打开快照】：执行此命令可创建和预览快照，如图 6-12 所示。
- 【另存为模板】：此命令的功能与左边栏下方的环境设置菜单中的【另存为模板】命令的功能完全相同。执行此命令可将当前工作流程及相关模型信息保存为模板，之后可通过在菜单栏中执行【查看所有工作流程】命令来调取保存的模板。
- 【当前单位：公制】：表示当前的项目设计单位是"公制"，可执行此命令切换项目设计单位为"英制"。
- 【出口】：可译为"导出"。执行此命令可将当前项目导出为 JSON、glTF、IFC 等格式的文件，如图 6-13 所示。

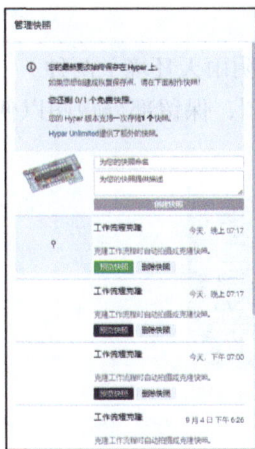

图 6-12

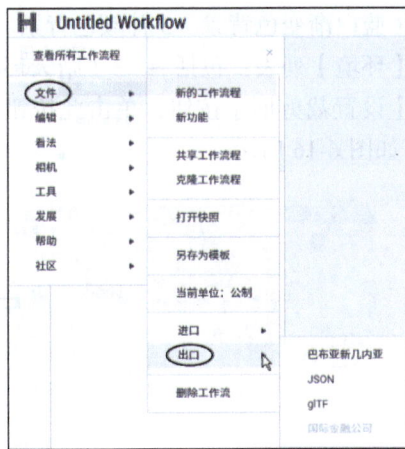

图 6-13

- 【删除工作流程】：执行此命令可将当前项目删除。

二、视图操作

Hypar 云平台的视图操作工具在【特性】面板的【查看设置】选项组（或称卷展栏）中，如图 6-14 所示。

- 【缩放至合适大小】按钮：如果视图被无限放大或缩放至极小时，可单击此按钮来恢复最初的适应视图。
- 【措施】按钮：“措施”可译为“测量”。用于测量元素之间的直线距离，如图 6-15 所示。

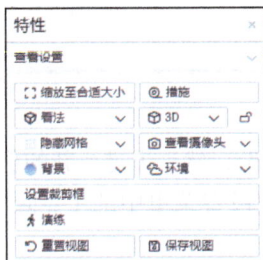

图 6-14

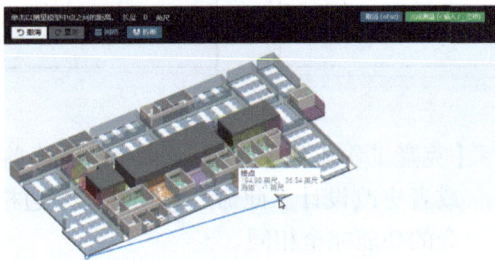

图 6-15

- 【视图方式】列表：在该列表中包括【正字法】和【看法】两种视图方式，【正字法】是平行视图方式，【看法】是透视图方式。
- 【标准视图】列表：在该列表中有 6 种标准视图，分别是【3D】、【顶部】、【北】、【南】、【东方】和【西方】。
- 【网格显示】列表：在该列表中包括【隐藏网格】和【显示网格】两种网格显示方式，用于控制绘图背景的网格显示与隐藏。
- 【背景】列表：包括 背景（纯白色背景）、背景（黑白渐变色背景）和 背景（蓝白渐变色背景）3 种颜色背景。
- 【环境】列表：包括 环境（晴天环境）和 环境（阴雨天环境）两种。
- 【设置裁剪框】按钮：单击此按钮可裁剪模型视图，保留部分视图以便查看，如图 6-16 所示。

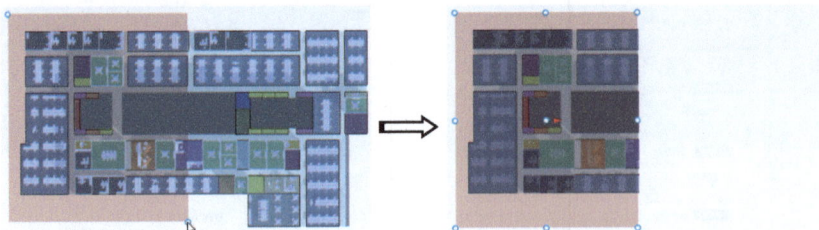

图 6-16

- 【演练】按钮：单击此按钮可进入演练模式。此模式是设置室内观察者的位置或视角，便于查看模型内部（室内）的布局，如图 6-17 所示。

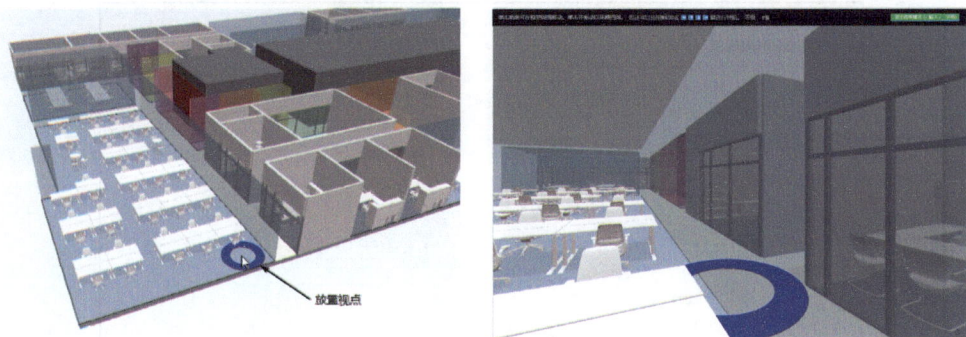

放置视点

图 6-17

- 【重置视图】按钮 ↺：单击此按钮可恢复 3D 视图到初始状态。
- 【保存视图】按钮 🖫：单击此按钮可保存用户自定义的视图，便于在后续设计中随时调用。

当视图切换为 3D 视图时，可以用鼠标按键鼠标滚轮来操控视图。

- 左键：按住左键可旋转视图。
- 鼠标滚轮：滑动鼠标滚轮可缩放视图。
- 右键：按下右键可平移视图。

三、环境配置

在左边栏下方的环境设置菜单中，部分命令与文件管理工具菜单中的命令相同。下面仅介绍不同的命令。

- 【下载 PNG】：将当前工作流程中的视图图像导出为 PNG 文件，供用户下载。
- 【更多的】：单击此按钮将收拢环境设置菜单。要展开环境设置菜单，再单击此按钮即可。

6.1.3 基于 Hypar 的建筑设计案例

本节以实战案例来详解在 Hypar 云平台中 AI 辅助建筑设计的全流程。该流程分 4 步：创建新的工作流程、创建建筑模型、Hypar AI 混合设计和项目导出。

接下来分别介绍以"新建项目"方式和"利用模板"方式完成建筑设计的流程。

一、以"新建项目"方式完成建筑设计

【例 6-1】新建项目完成建筑设计。

1. 首先登录 Hypar 官方网站。在弹出的【新的工作流程】对话框中选择【新的空白工作流程】项目，如图 6-18 所示。随后进入 Hypar 云平台，默认工作界面如图 6-19 所示。

图 6-18

165

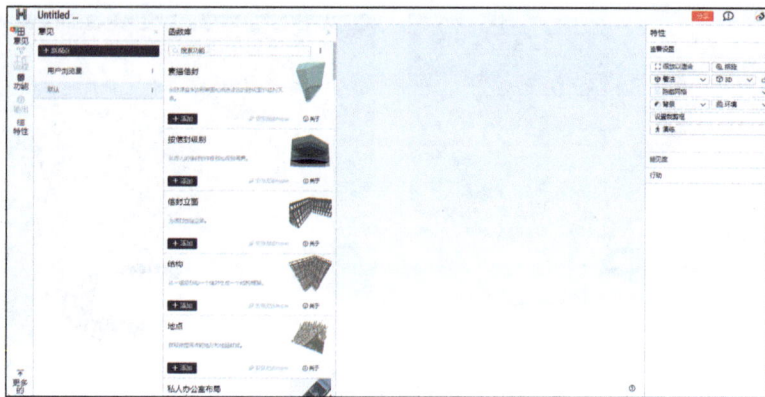

图 6-19

2. 在标题栏中设置项目名称，将默认项目名 "Untitled Workflow" 改为 "办公高层建筑"，如图 6-20 所示。

图 6-20

3. 在左边栏的环境配置菜单中单击【切换单位】按钮，将英制单位切换为公制单位。

4. 在函数库中将【地点】函数添加到【工作流程】面板中（后续简述为 "工作流程中"），此时图形区载入一块预设地块，用于规划设计。在【地点】选项卡中设置选项，地理位置上将显示地块所在范围内的所有建筑模型，如图 6-21 所示。

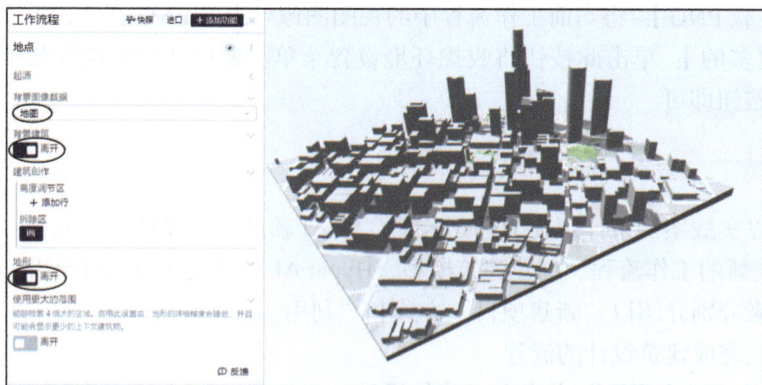

图 6-21

↘ **提示：** 函数库中的函数比较多，用户可通过搜索功能来查找所需函数。搜索时必须输入函数的英文字符，可输入函数的第 1 个或前 2 个字符进行查找。

5. 在区域地块中找一块没有建筑的空地（调整好视图），准备设计建筑物。如果所选的地块区域中没有空地，可在【地点】选项卡的【建筑创作】选项组中单击【拆除区】的【画】按钮（原文为 Draw，可译为"绘制"），接着画出要拆除区域，用于放置新的建筑物，如图 6-22 所示。

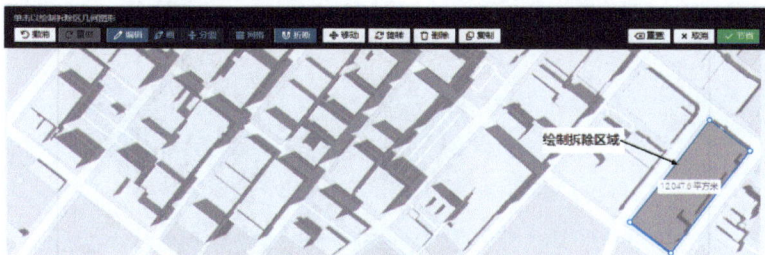

图 6-22

6. 创建体量模型。将【素描信封】函数添加到工作流程中，然后单击【素描信封】选项卡中的【画】按钮，在弹出的【编辑周边几何图形】绘图环境中绘制建筑物的边界图形，完成后单击【节省】按钮（原文为 Save，可译为"保存"），如图 6-23 所示。

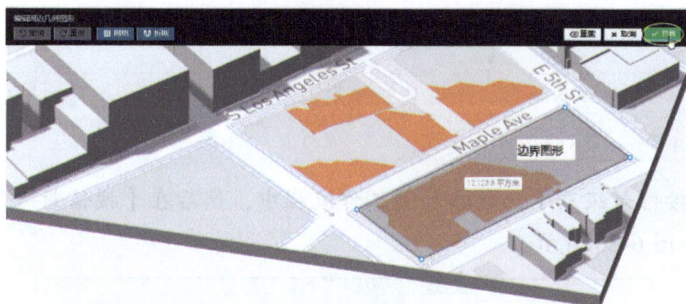

图 6-23

7. 返回到【素描信封】选项卡，设置【建筑高度】和【基础深度】，系统自动更新模型，如图 6-24 所示。

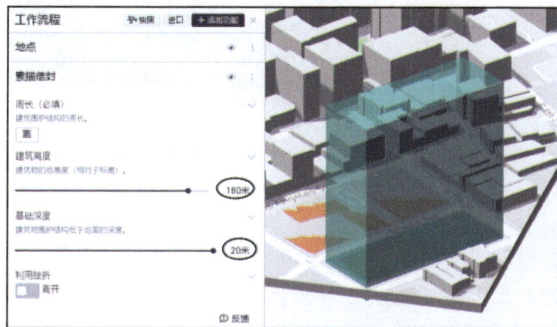

图 6-24

8. 完成体量模型的创建后，再为其创建轴网。添加【网格】函数到工作流程中，系统会依据体量模型而自动创建轴网，在【网格】选项卡中可修改轴网参数，如图 6-25 所示。

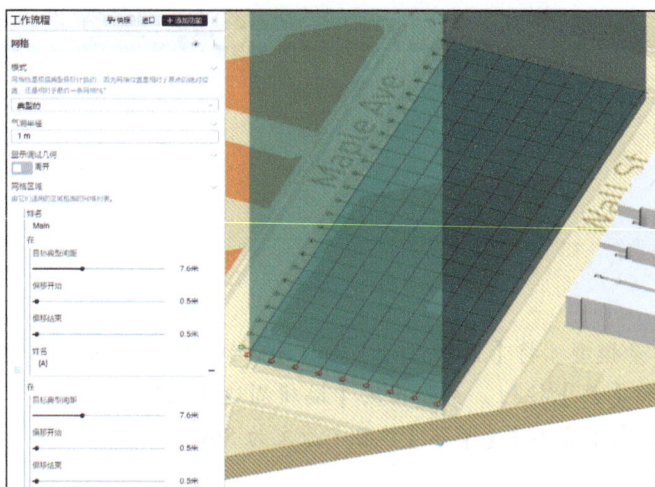

图 6-25

> ↘ **提示**：Hypar 的建模思路是，先有建筑体量模型，然后才能创建其他模型附件。这与 Revit 的建模思路是截然相反的。

9. 将【按信封级别】函数添加到工作流程中，然后在【按信封级别】选项卡中修改参数，如图 6-26 所示。

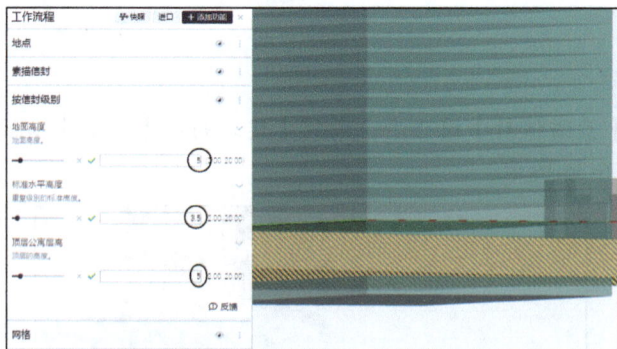

图 6-26

> ↘ **提示**：【按信封级别】的意思是，通过已有的包络（也是体量模型）来创建楼层，一般用于标准层的高层建筑。如果楼层高度不一致，可调用【按信封划分的简单级别】函数加以修改。

10. 如果是钢筋混凝土结构的建筑，可将【核】函数添加到工作流程中，创建混凝土结构的核心筒（电梯与结构楼梯等会设计在核心筒中），如图 6-27 所示。也可以用【核心信封】函数来绘制核心筒横截面。

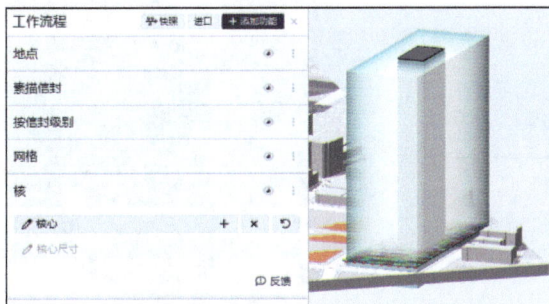

图 6-27

11. 将【楼层数】函数和【按楼层列数】函数依次添加到工作流程中，系统自动创建楼层结构楼板和结构柱，如图 6-28 所示。

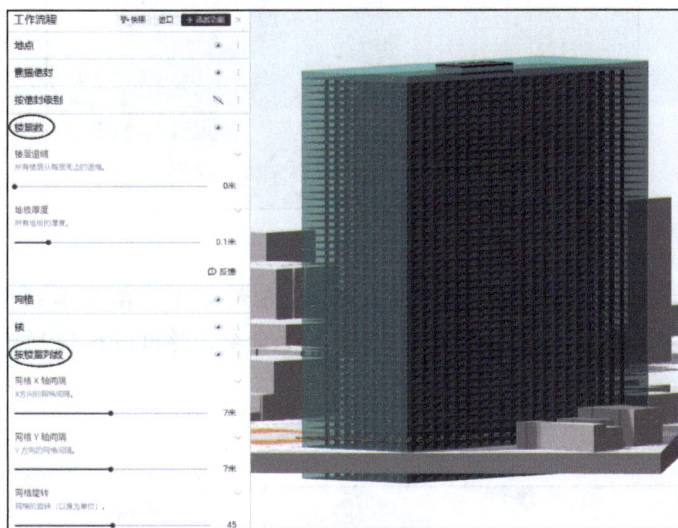

图 6-28

12. 添加【信封立面】函数到工作流程中，系统自动创建外墙面的玻璃幕墙，如图 6-29 所示。

13. 添加【屋顶】函数到工作流程中，系统自动创建屋顶，如图 6-30 所示。

14. 添加【垂直循环】函数来创建直升电梯。方法是确定电梯的定位点，结果如图 6-31 所示。

15. 鉴于篇幅限制，不再对楼层中的房间布局、室内摆设等进行操作。可将当前的项目另存为模板，便于重复使用。

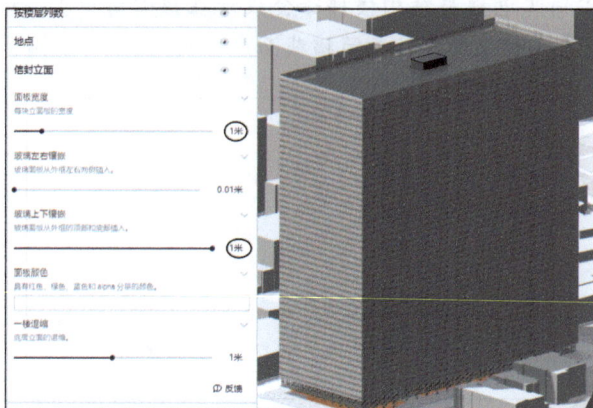

图 6-29

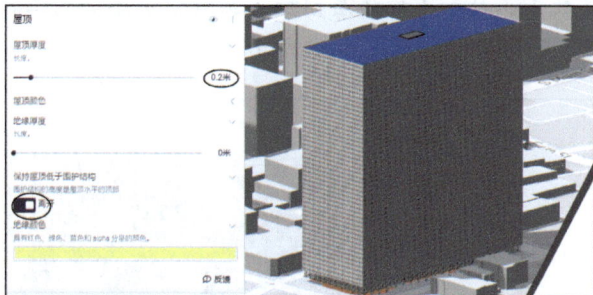

图 6-30

16. 将结果导出为 Revit 能载入的 JSON 格式文件。在菜单栏中执行【文件（File）】/【出口（Export）】/【雷维特（Revit）】命令，弹出图 6-32 所示的对话框。

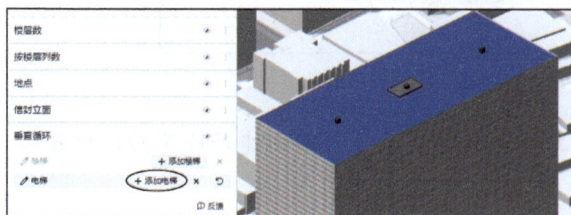

图 6-31

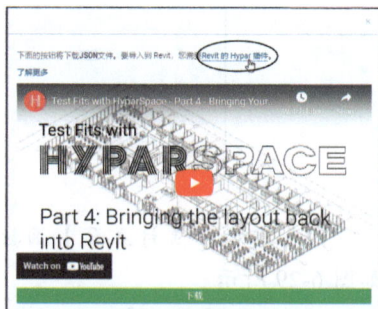

图 6-32

17. 为了能在 Revit 中打开 JSON 文件，需要安装 Hypar 与 Revit 的格式转换插件，安装方法这里不再介绍（启动安装程序默认安装即可）。安装格式转换插件后即可下

载模型文件。也可直接将项目保存为 JSON 文件，在 Revit 中通过格式转换插件导入
JSON 文件。在 Revit 2024 中打开的模型如图 6-33 所示。

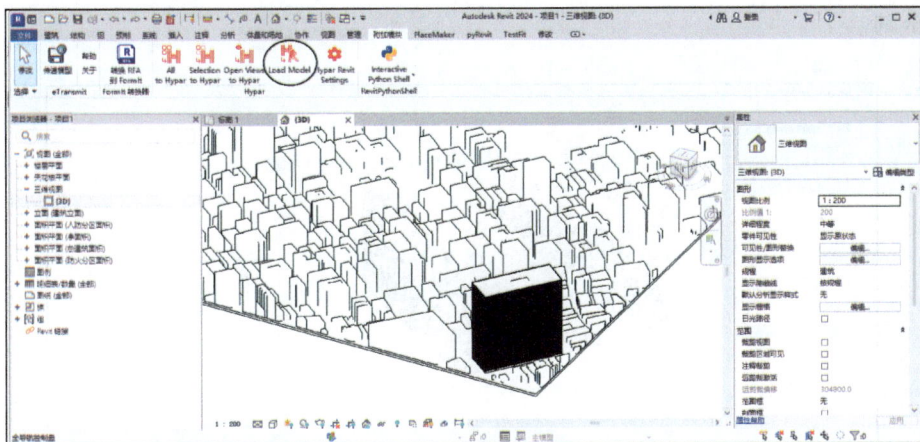

图 6-33

> ⬛ **提示**：如果不能下载 JSON 文件或者下载缓慢，一般是 Hypar 系统缓存的原因——模型
> 的信息量过大导致软件缓存增加。此时可以修改包络体的草图，减少模型信息量，以保证
> 能顺利下载模型。

二、以"利用模板"方式进行建筑设计

以"利用模板"方式进行建筑设计，可利用 Hypar 云平台内置的 AI 大语言模型
来生成模型。模板中的视图和工作流程是固定的，用户只需按照工作流程操作即可
完成模型设计。

【例 6-2】利用模板进行建筑设计。

1. 在【新的工作流程】对话框中选择【Hypar AI- 混合用途】模板进入 Hypar 云
平台，在左边栏的环境配置菜单中单击【切换单位】按钮，将英制单位切换为公制
单位。

2. 此时可看见绘图区中已经有一个示例模型。利用 AI 建模有两种方法：第一
种方法是利用 AI 直接编辑这个示例模型；第二种方法是删除示例模型，再按照模板
中已有的工作流程重建模型。为了简化操作流程，本例选择第一种方法。

3. 在图形区悬浮于右边的【尝试下面的提示】对话框中，提示词文本框内有 "A
four story parking podium with retail on the ground floor. There is a 5-story u-shaped
residential tower above." 字样，如图 6-34 所示。这是 Hypar 的提示词，其模型生成
方式是"文生模型"，与 CSM、Meshy 等 AI 模型的功能类似。

4. 这个 AI 功能是通过函数库中的【Hypar AI- 混合用途】函数来完成的，Hypar

的提示词可以是英文或中文。在提示词文本框中输入"地下层有四层停车场裙楼，地上一层和二层为商业门店。商业门店上面是10层高的L型公寓楼。公寓楼四周收缩4米形成露台。"或者在【特性】面板的【行动】选项区中输入提示词。

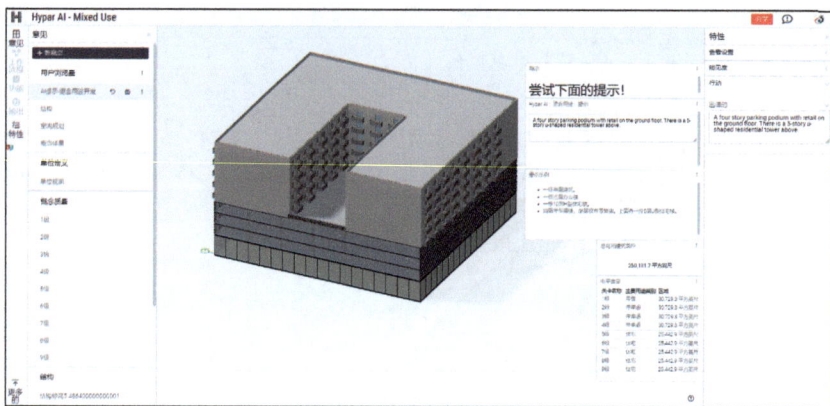

图 6-34

5. 输入提示词后在图形区中单击，AI 将自动生成新的模型，如图 6-35 所示。

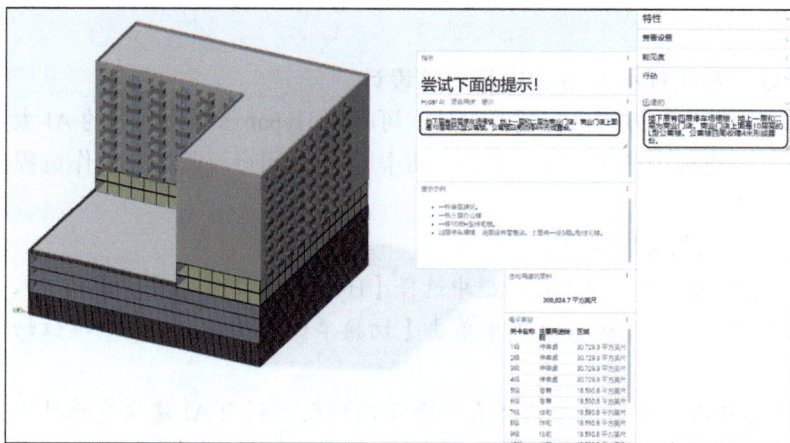

图 6-35

> ↘ **提示**：除了利用 AI 生成或修改模型外，还可通过编辑工作流程中的函数来修改模型。

6. 若需改变占地面积，可在【工作流程】面板的【网站草图】函数中选择【地点】选项，在【编辑或绘制新的站点元素】窗口中修改建筑模型的草图，如图 6-36 所示。

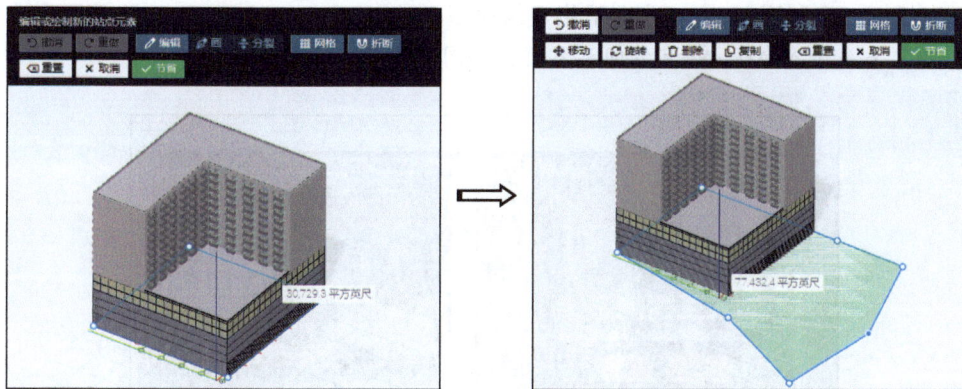

图 6-36

7. 建筑模型设计完成的结果如图 6-37 所示。最后将结果导出为 JSON 文件。

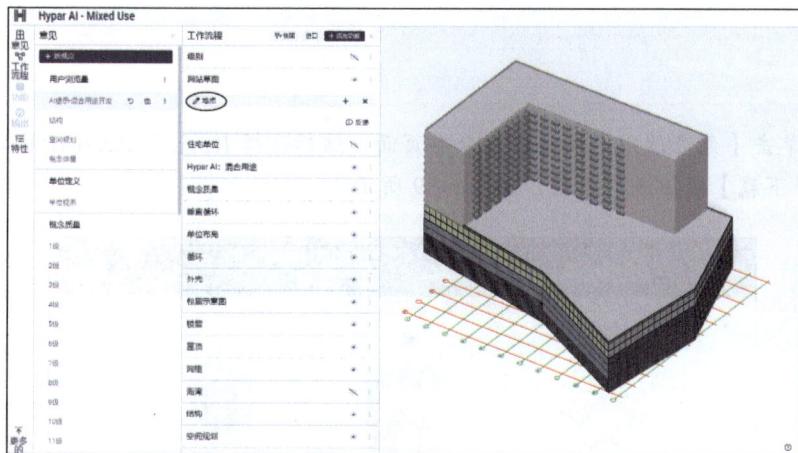

图 6-37

6.2　利用 AI 在 Revit 中实时生成建筑效果图

　　本节将使用 Revit 的 AI 插件对建筑模型进行实时渲染，以获得具有真实场景的效果图，这个效果图可作为建筑设计方案的资料。这款 AI 插件就是"文生图"和"图生图"功能都十分强大的 ArkoAI。

　　ArkoAI 插件是一款多用途的 AI 辅助设计工具，可与 Rhino、Revit 和 SketchUp 等软件交互。

　　下面详细介绍利用 ArkoAI 实时渲染建筑模型的操作流程。

【例 6-3】利用 ArkoAI 实时渲染建筑模型。

1. 首先进入 ArkoAI 官方网站首页，如图 6-38 所示。

图 6-38

> ↘ **提示：** ArkoAI 官方网站的语言默认为英文，可用浏览器的中文翻译插件将网页翻译为中文。

2. 单击【免费试用】按钮进入分类页面，然后选择 Revit 与 ArkoAI 的交互插件并单击【下载】按钮进行下载，如图 6-39 所示。

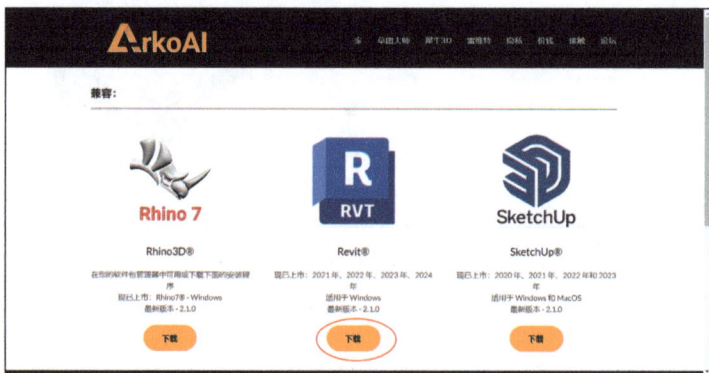

图 6-39

> ↘ **提示：** ArkoAI 并非完全免费使用，而是提供试用，其对试用时间没有限制，但对渲染次数有限制，具体为免费试用 30 次，超过免费次数则需付费使用。

3. 下载插件程序后，双击插件程序进行默认安装，如图 6-40 所示。

4. 启动 Revit 2024，此时会弹出【安全 - 签名附加模块】对话框，单击【总是载入】按钮，如图 6-41 所示，确定每次启动 Revit 时会自动载入 ArkoAI。

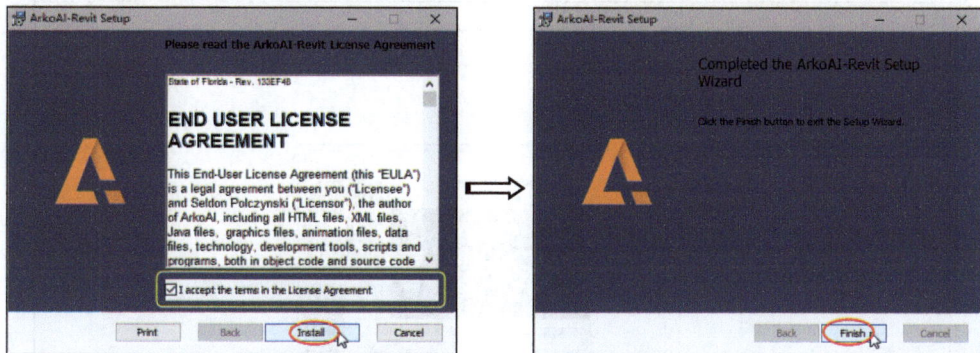

图 6-40

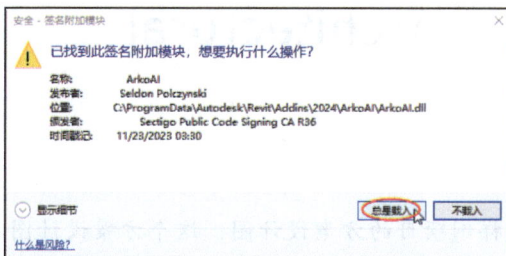

图 6-41

5. 在 Revit 2024 的主页界面中，选择【建筑样例项目】模型，如图 6-42 所示。随后进入 Revit 项目环境，并自动打开样例项目，如图 6-43 所示。

图 6-42

> ↘ **提示**：现在看到的界面布置是将【属性】选项板拖到图形区右侧放置的结果。建议读者也按此操作方式进行界面布局，因为【项目浏览器】选项板和【属性】选项板是常用的两个功能面板，重叠在一起会影响用户操作。

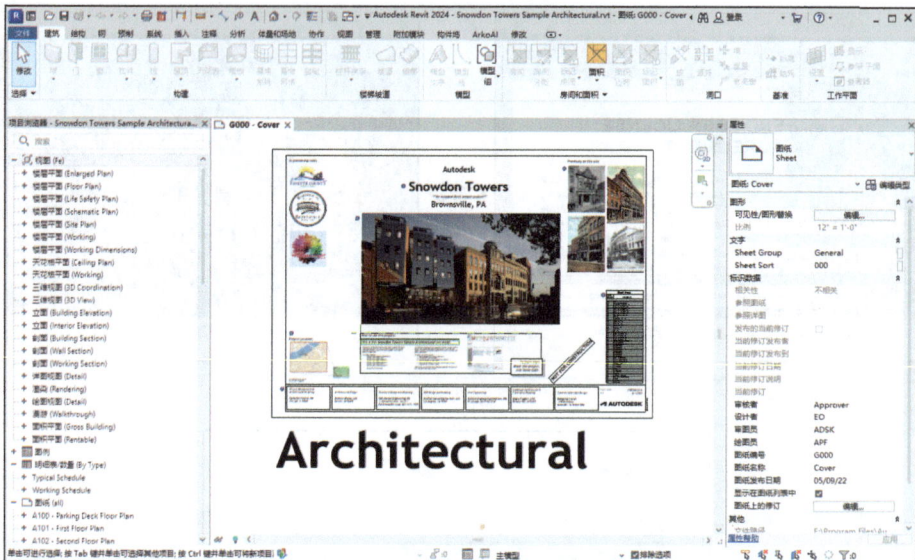

图 6-43

图形区显示的是样例项目的方案设计图，这个方案设计图由项目效果图、项目位置图、图纸内容、项目前期背景资料、商标、图纸和图框等组成。

在【项目浏览器】选项板的【视图（Fe）】/【三维视图（3D View）】视图节点下有多个相机视图（名称中有 Camera 字样的）。可以直接使用由样例项目自带的相机视图进行效果图生成，也可自行创建相机视图。

6. 在【项目浏览器】选项板的【视图（Fe）】/【三维视图（3D View）】视图节点下双击【{3D}】视图，进入 3D 视图，如图 6-44 所示。

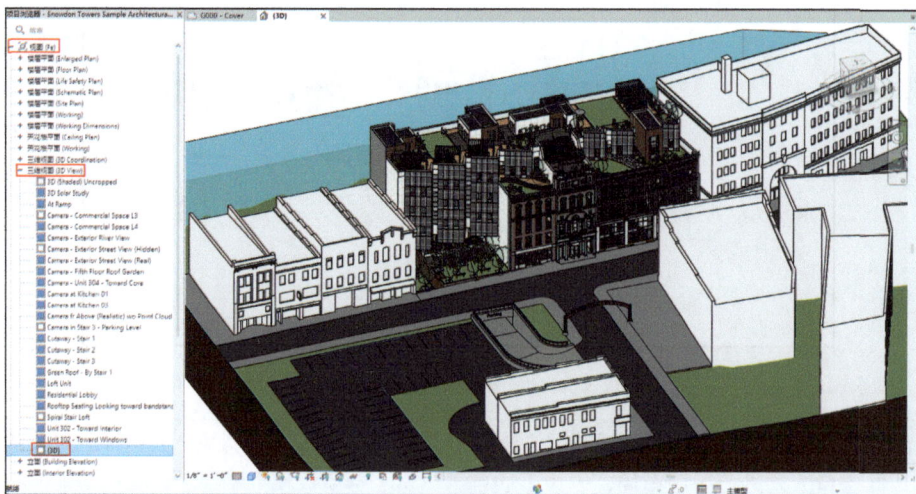

图 6-44

7.　在图形区右上角的【ViewCube】上单击【上】视图按钮，将视图切换为上视图，如图 6-45 所示。

8.　在【视图】选项卡的【创建】面板中，单击【三维视图】列表中的【相机】按钮📷，将相机放置在视图中，然后拖动视角至建筑物，如图 6-46 所示。

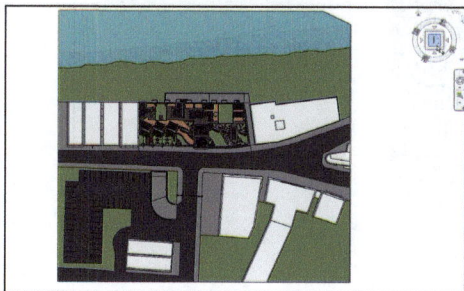

图 6-45

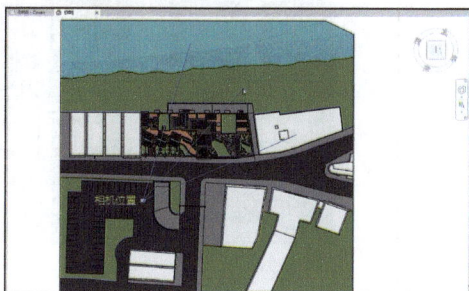

图 6-46

9.　随后自动显示创建的相机视图，但是此视图中相机放置的默认高度很低（见【属性】选项板中的【相机】参数），导致看不到地面上的建筑物，如图 6-47 所示。

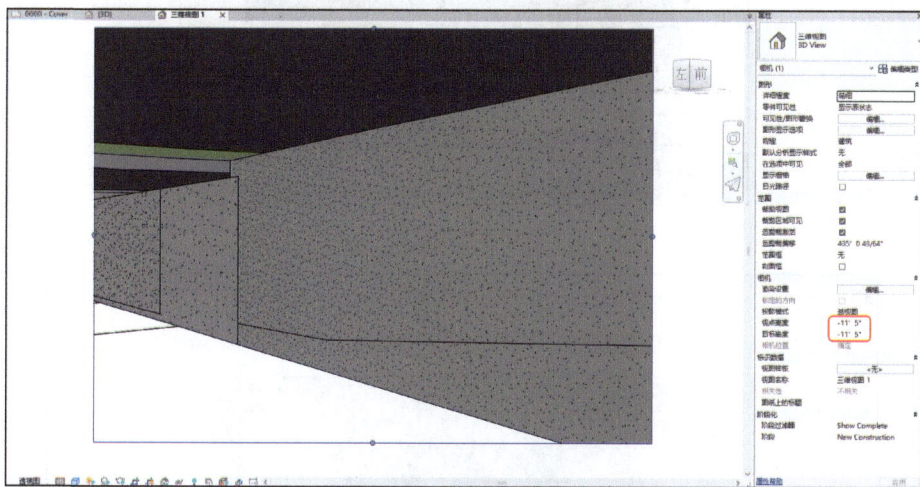

图 6-47

10.　在【属性】选项板中将相机的【视点高度】改为 1′6″（直接输入 1.6），【目标高度】改为 40′0″（直接输入 40），单击【应用】按钮应用参数值。此时在相机视图中可以看见地面上的建筑物了，如图 6-48 所示。

11.　此时的相机视图是一个裁剪视图，拖动裁剪边框将视图的视野扩展，如图 6-49 所示。

12.　成功安装 ArkoAI 插件后，在 Revit 的功能区中会自动创建【ArkoAI】选项卡，单击其中的【Start】按钮▲，启动 ArkoAI 插件程序，如图 6-50 所示。

图 6-48

图 6-49

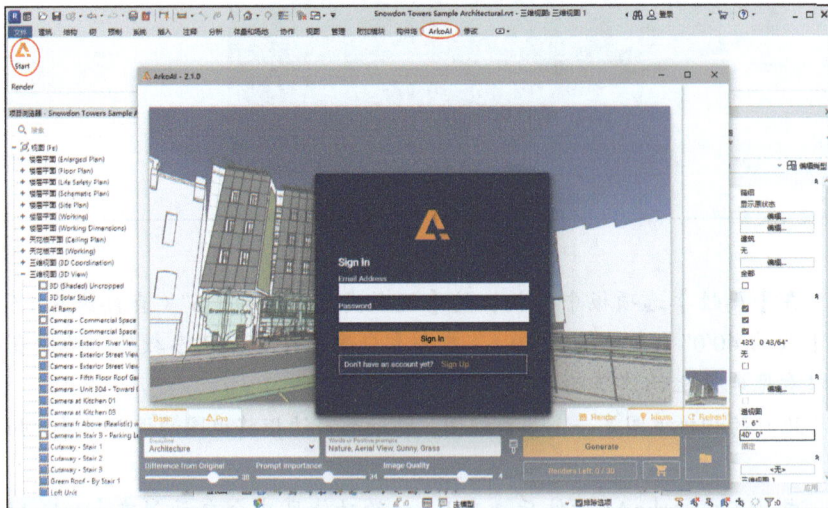

图 6-50

13.　如果有 ArkoAI 账号，可直接输入账号与密码登录；如果没有，须单击【Sign Up】按钮注册一个账号，然后才能登录 ArkoAI。登录后会显示当前 Revit 中创建的相机视图，如图 6-51 所示。

图 6-51

> ↘ **提示**：建议用 Gmail 邮箱或 Outlook 邮箱来注册。

14.　ArkoAI 有两种模式：Basic（基础）模式和 Pro（专业）模式。在【Discipline】列表中可以选择场景类型，比如选择【Architecture】场景类型。在【Words or Positive prompts（正向提示词）】文本框中可输入关键的提示词，在【Negative prompts（反向提示词）】文本框中可输入不希望效果图中出现的情况，比如画质差、噪点多等。在【Send】文本框中可输入种子数，值越大图像精度越高。

15.　由于是试用 ArkoAI，目前只能使用 Basic 模式。对于样例项目的效果图，可在【Words or Positive prompts】文本框中输入 "Urban Architecture，Luxury Finishes，Mid-Century Modern，Luxury Hotels，Plants，Sunshine，Clear skies，white clouds，cityscape，masterpiece，best quality（城市建筑，豪华装修，中世纪现代，高级酒店，植物，阳光，晴朗的天空，白云，城市景观，杰作，最佳质量）"，最后单击【Generate】按钮，自动生成效果图，如图 6-52 所示。

16.　不难看出，在 Basic 模式下生成的效果图不是很理想。在右下角单击■按钮，可找到 ArkoAI 自动保存的图像文件，如图 6-53 所示。

17.　若要生成室内效果图，可直接在 Revit【项目浏览器】选项板中选择样例项目的【Camera - Unit 304 - Toward Core】相机视图，如图 6-54 所示。

图 6-52

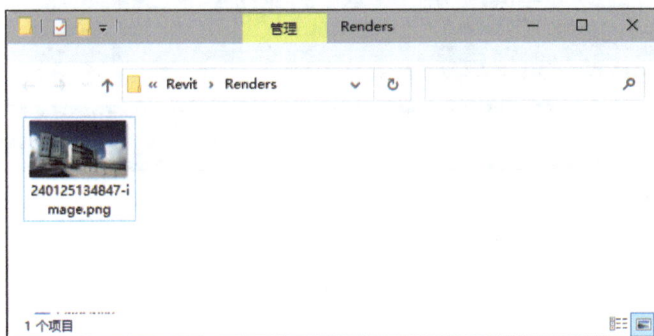

图 6-53

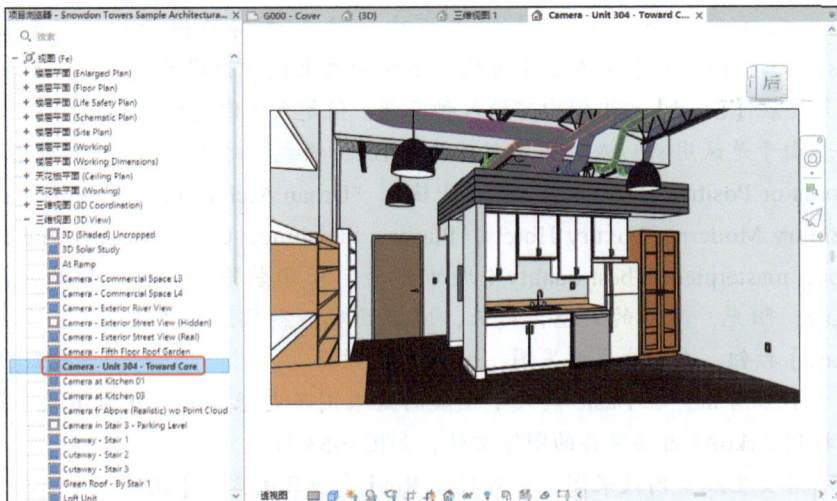

图 6-54

18．再次启动 ArkoAI，在【Discipline】列表中选择【Interior Design】类型，在提示词文本框中输入"Interior Design，Modern Minimalist，Kitchen & Bath Home，Cabinets，Sofa，Lamps，High Quality Images，4K（室内装修，现代简约风格，厨卫家居，橱柜，沙发，灯具，高质量图像，4K）"，单击【Generate】按钮，如图 6-55 所示。

图 6-55

19．随后自动生成室内装修效果图，如图 6-56 所示。最后浏览效果图的保存位置，将图像文件转存到自定义的文件夹中。

图 6-56

■ 6.3　基于 AI 的室内设计

PlanFinder 是一款可免费试用 30 天的 AI 辅助室内设计插件，能帮助用户快速生成室内设计模型和渲染效果图。

6.3.1　PlanFinder 的基本功能

PlanFinder 插件可在其官方网站中免费下载。下面介绍 PlanFinder 插件的下载和安装方法，以及利用 PlanFinder 的 Residential 和 Anything 功能，生成户型图并管理自定义资源库。

一、PlanFinder 插件的下载和安装

【例 6-4】PlanFinder 插件的下载和安装。

1. 进入 PlanFinder 官方网站的【Download】页面，下载 Revit 2024（English）插件，如图 6-57 所示。

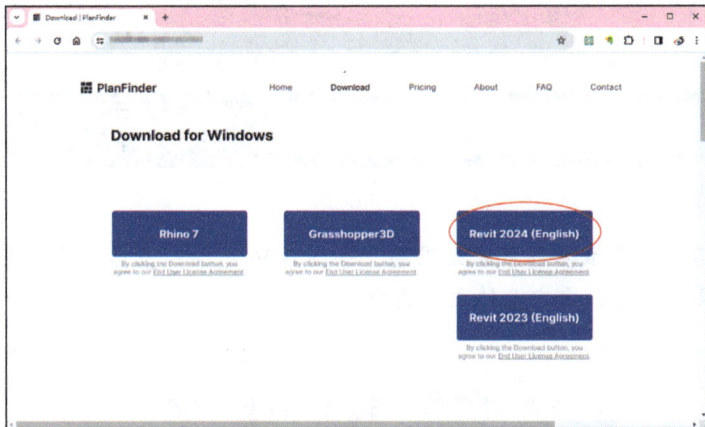

图 6-57

下载的插件文件是一个压缩文件，须解压缩才能安装，如图 6-58 所示。

图 6-58

2. 由于 PlanFinder 目前仅适用于 Revit 的英文版本，在安装和使用之前需要将 Revit 2024 简体中文版变成英文版。

3. 在计算机的桌面上右击【Revit 2024】图标，在弹出的快捷菜单中选择【属性】命令，打开【Revit 2024 属性】对话框，然后在【快捷方式】选项卡中将【目标】路径文本框内的【language CHS】字符改为【language ENG】，单击【确定】按钮，如图 6-59 所示。若是需要改回简体中文版，将【language ENG】改为【language CHS】即可。

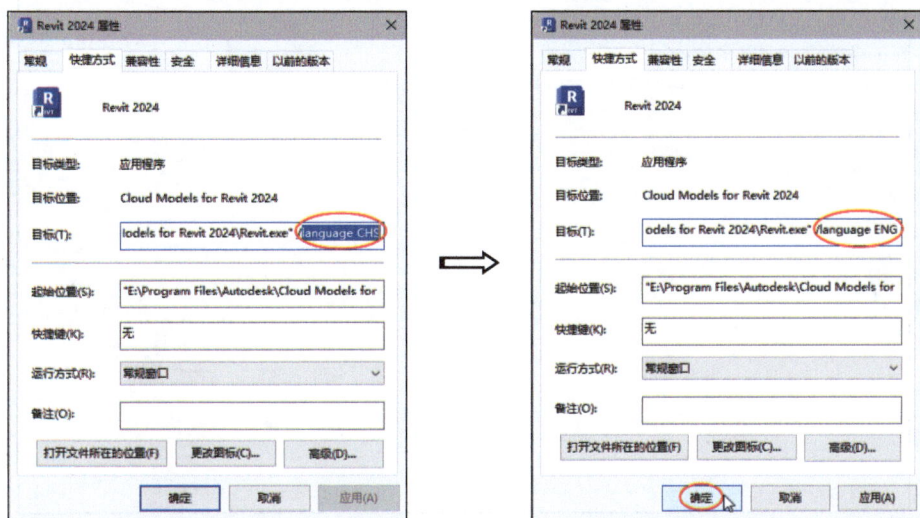

图 6-59

4. 重新启动 Revit 2024，新建项目并选择一个建筑样板进入建筑项目设计环境，如图 6-60 所示。

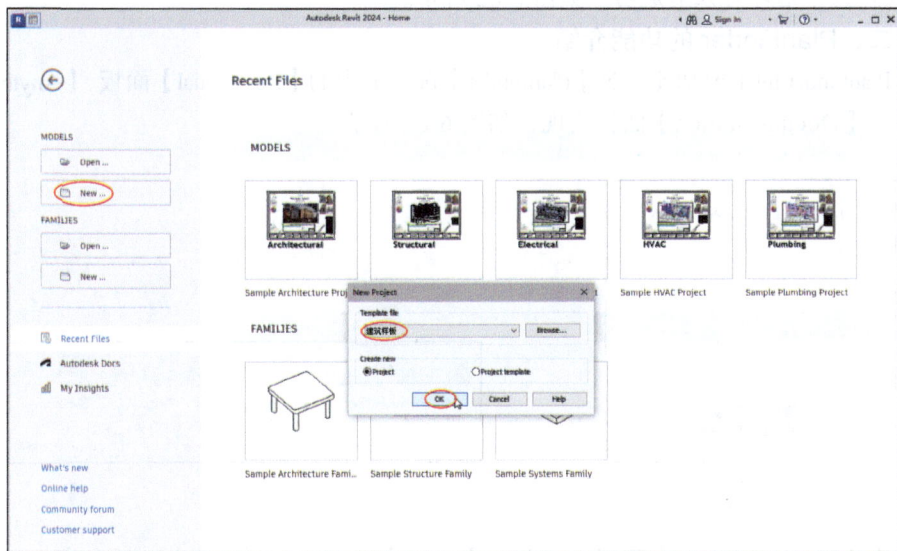

图 6-60

此时，在 Revit 的功能区中新增了【PlanFinder】选项卡，可见 PlanFinder 已成功安装到 Revit 2024 中，如图 6-61 所示。

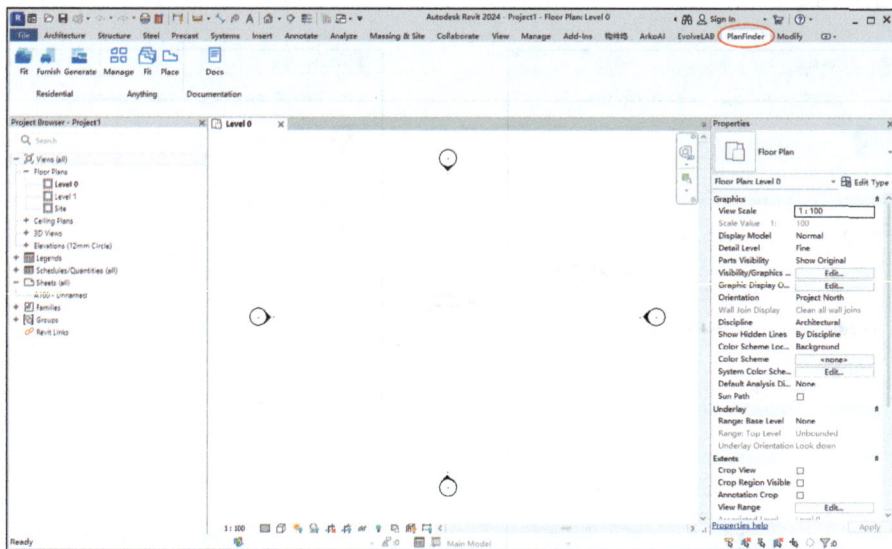

图 6-61

5. 首次使用 PlanFinder 需要注册账号。在【PlanFinder】选项卡中单击【Fit】按钮，会弹出注册对话框，依次填写账号（任意填写）、邮箱（国内邮箱）和公司名（任意填写）后即可注册成功，如图 6-62 所示。

二、PlanFinder 的功能介绍

PlanFinder 的主要功能通过【PlanFinder】选项卡中的【Residential】面板、【Anything】面板和【Documentation】面板实现，如图 6-63 所示。

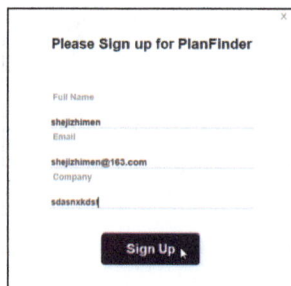

图 6-62

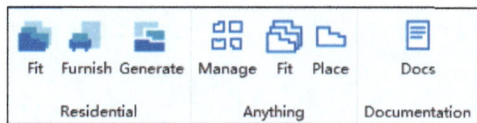

图 6-63

在【Documentation】面板中，单击【Docs】按钮 会进入 PlanFinder 官方网站，可通过查看帮助文档来使用 PlanFinder。

在【Residential】面板中，包括【Fit】、【Furnish】和【Generate】3 个按钮，这

些按钮用于自动拟合平面布局、为房间选择家具并生成多个户型图变体。

各按钮的功能如下。

- 【Fit】■：通过该按钮，可以将 PlanFinders 楼层平面图数据库中的平面图与新设计进行匹配。首先拾取一个四面有墙的空间和门位置（若墙体中没有门，可自由拾取一个位置），如图 6-64 所示。其次，算法会将布局与空间相匹配。一旦用户对某个室内设计方案感到满意，单击【OK】按钮，该方案就会应用到 Revit 模型中，如图 6-65 所示。

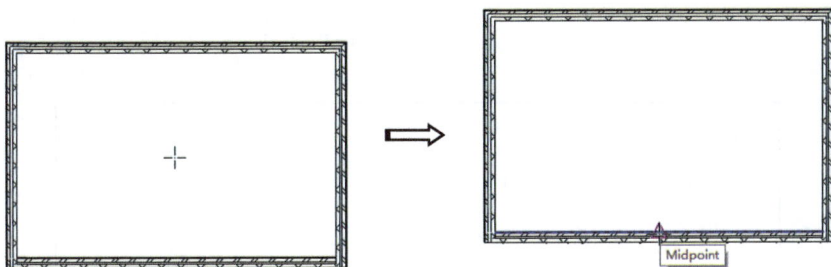

图 6-64

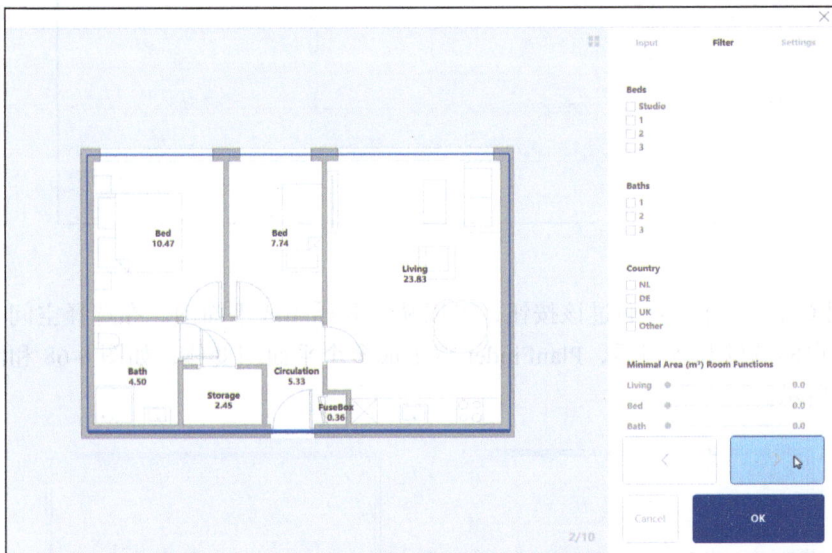

图 6-65

- 【Furnish】■：通过该按钮，可以布置公寓中的一组房间。首先选择房间、有窗户的墙壁和入口，如图 6-66 所示。其次，PlanFinder 会为所有房间生成家具选项。还可以覆盖每个房间的房间功能、门的位置和家具布局，如图 6-67 所示。

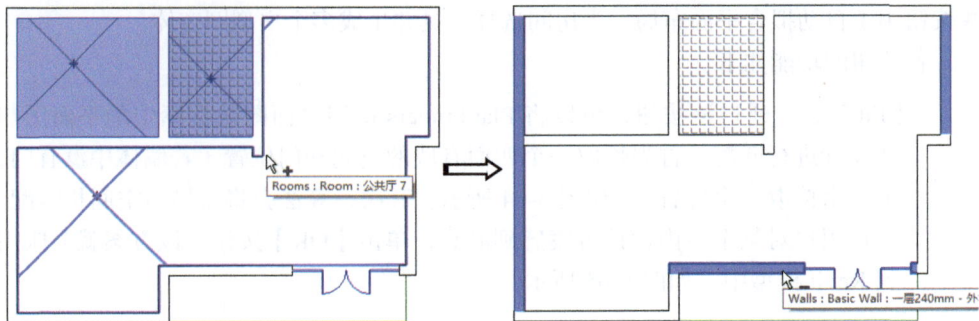

图 6-66

图 6-67

- 【Generate】 ：通过该按钮，可以从头开始生成平面图。在选择空间、有窗户的墙壁和入口后，PlanFinder 将生成多个平面图变体，如图 6-68 和图 6-69 所示。

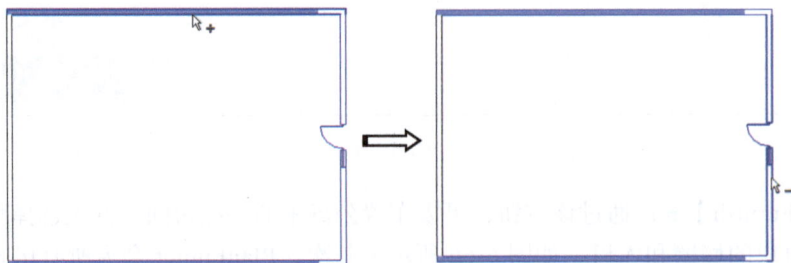

图 6-68

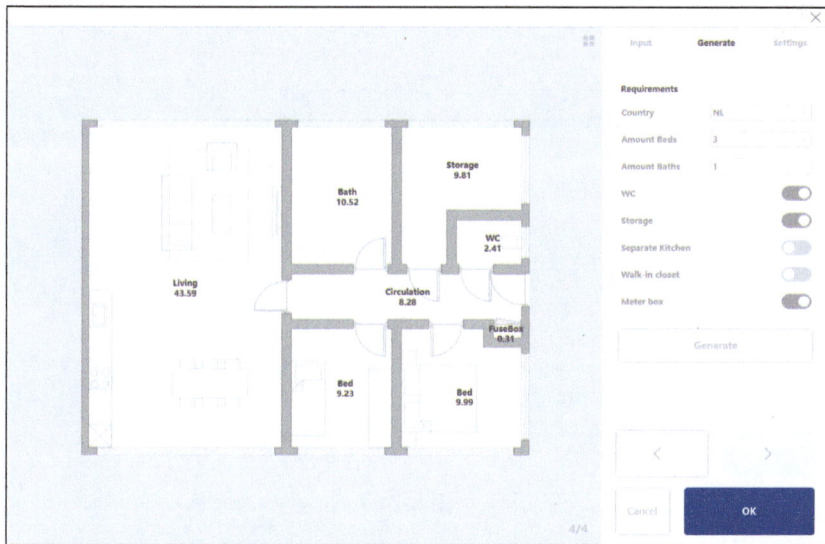

图 6-69

【Anything】面板用于管理 PlanFinder 资产。其中各按钮功能介绍如下。

- 【Manage】⊞：该按钮用来管理用户的自定义资产库，比如删除房间中的家居摆设。

- 【Fit】⬚：该按钮可以将定制资产整合到建筑项目中。首先选择一个封闭区域和一个入口点（如果该区域没有门），然后 PlanFinder 就会推荐合适的资产。这些资产可作为链接、单独或分组的 Revit 元素进行访问。

- 【Place】⬚：通过该按钮，可从库中选择某个资产，将其移动到 Revit 项目中。

6.3.2 PlanFinder 辅助室内设计

接下来我们利用 PlanFinder 来制作一个室内空间布置模型。

【例 6-5】制作室内空间布置模型。

1. 启动 Revit 2024，在首页界面中选择建筑样板文件来创建建筑项目文件。

2. 进入建筑项目环境之后，在【Architecture】选项卡的【Build】面板中单击【Wall】按钮，在【Properties】选项板中保留默认墙体族，仅设置墙体高度为 4000，如图 6-70 所示。

3. 在图形区中绘制封闭的四边形墙体，如

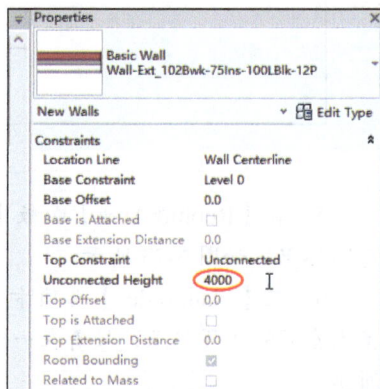

图 6-70

图 6-71 所示。

图 6-71

4. 单击【Floor】按钮🖼️，绘制墙体内的地板，如图 6-72 所示。

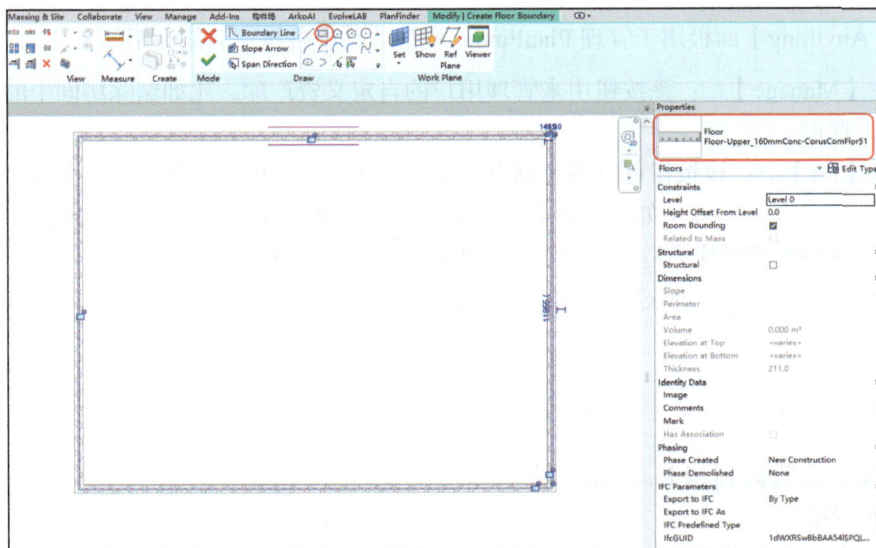

图 6-72

5. 在【Room&Area】面板中单击【Room】按钮🖼️，在墙体内拾取区域来创建房间标识，如图 6-73 所示。

6. 在【PlanFinder】选项卡中单击【Fit】按钮🖼️，随后在墙体内拾取一点作为室内空间的布置起点，接着在一侧的墙体中拾取一点确定户型大门的位置，如图 6-74 所示。

7. 随后弹出 PlanFinder 控制面板。在 PlanFinder 控制面板中单击　＞　按钮和　＜

按钮，选择合适的户型布局。图 6-75 所示为两种不同的户型布局。

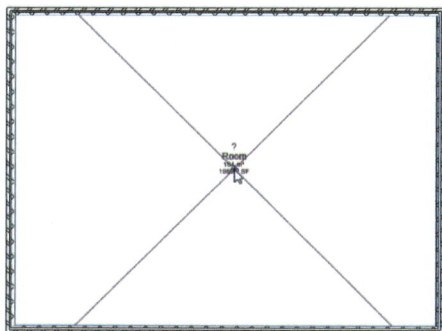

图 6-73

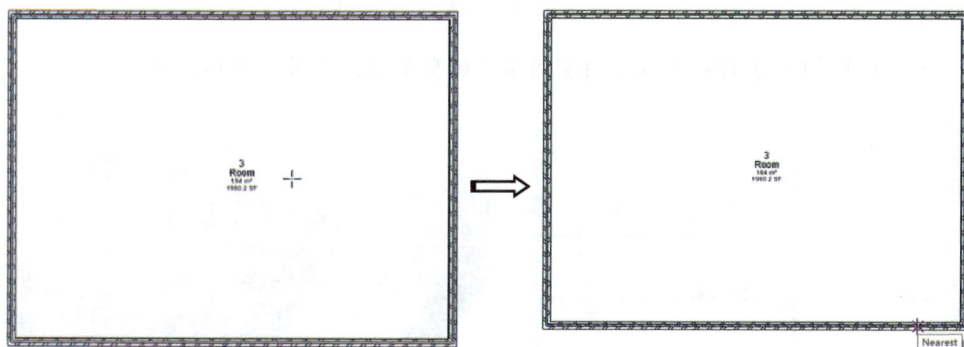

图 6-74

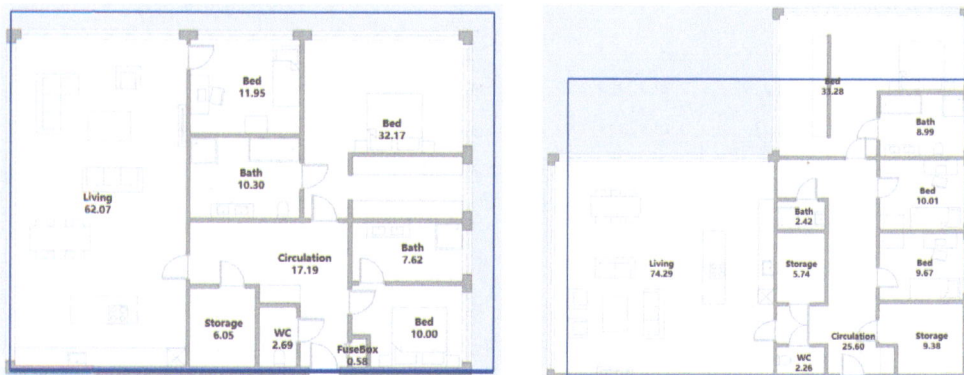

图 6-75

8．选择图 6-75 左图所示的户型布局，切换到【Settings】选项卡，拖动【Fit Settings】选项组中的【Up scaling】滑块，将室内布局充满整个墙体，如图 6-76 所示。

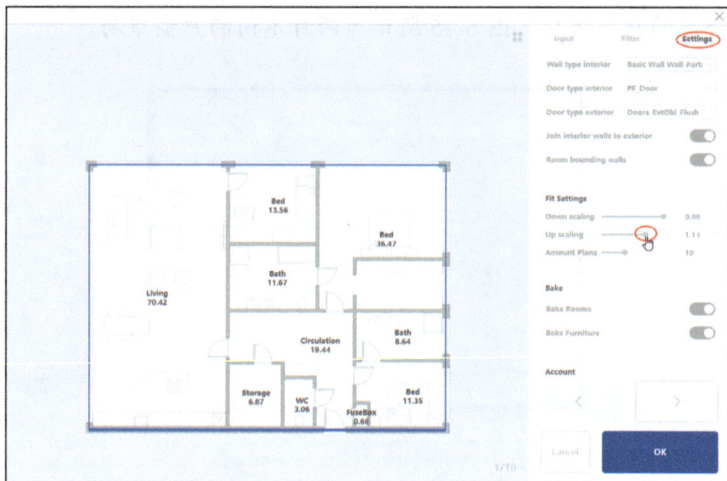

图 6-76

9. 单击【OK】按钮完成室内空间布置模型制作，结果如图 6-77 所示。

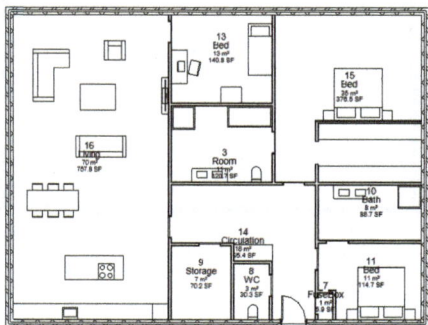

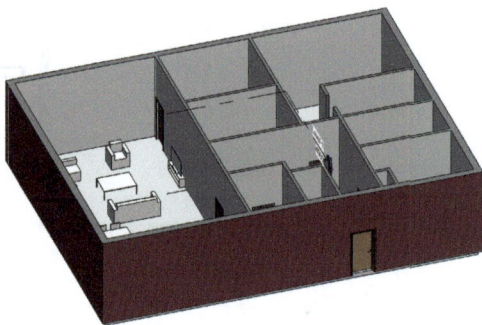

图 6-77